景观文化学的理论与实践

安 琪 著

吉林人民出版社

图书在版编目 (CIP) 数据

景观文化学的理论与实践 / 安琪著 . —— 长春 : 吉林人民出版社 , 2019.7

ISBN 978-7-206-16584-9

Ⅰ . ①景… Ⅱ . ①安… Ⅲ . ①景观学 – 文化学 Ⅳ . ① P901–05

中国版本图书馆 CIP 数据核字 (2019) 第 286128 号

景观文化学的理论与实践

JINGGUAN WENHUAXUE DE LILUN YU SHIJIAN

著　　者：安　琪

责任编辑：王　丹　　　　　　　　　封面设计：优盛文化

吉林人民出版社出版 发行（长春市人民大街 7548 号）　邮政编码：130022

印　　刷：定州启航印刷有限公司

开　　本：710mm×1000mm　　　　　 1/16

印　　张：13.25　　　　　　　　　　 字　　数：240 千字

标准书号：ISBN 978-7-206-16584-9

版　　次：2019 年 7 月第 1 版　　　　 印　　次：2019 年 7 月第 1 次印刷

定　　价：58.00 元

如发现印装质量问题，影响阅读，请与印刷厂联系调换。

前言

当今世界，科学技术突飞猛进，科技的进步促使经济高速增长，迅速积累的大量社会财富使人们的价值导向迅速转向精神领域的构建，物质技术的发展与应用引起了社会深层次结构的变化，也唤起了人们对艺术、人文价值的思索和探讨，从而把物质形态的技术文明上升到艺术、文化的高度。在景观规划和设计领域，景观文化的建设也形成了一种新的态势。"没有文化的景观是苍白的。"我国许多关于风景园林的理论以不同的形式分散在风景文学作品或绘画理论著作之中，故有"景因文显，文借景传"之说。风景园林的规划设计，不仅仅涉及单纯的构图和技巧问题，还必须体现出一定的艺术意境，表达某种审美观点。景观艺术要达到一定层次，才能产生超出景物以外所表达的精神境界。脱离文化，景观只会是画布上呆板的色彩，无法体现任何精神境界。

我国在城市建设前期，对于园林城市的盲目追求，更多的城市以"化妆运动"引领城市的景观建设，简单地以花花草草来美化城市的表面，而忽略了历史文化和生态环境的塑造。景观涉及社会、科学和艺术多个方面，文化是其驱动力，自然区则是媒介，通过赋予自然区一种精神领域的文化，形成有特色的、有意境的文化景观，景观文化则蕴藏其中，内涵丰富，意蕴深远。在文化日渐受到人类情感召唤的今天，景观文化作为文化的一种，对其展开研究有着重要的意义，这也正是编写此书的出发点。

本书内容共分为两大部分：上篇理论篇、下篇实践篇。上篇内容为第一章至第三章：第一章对景观文化的概念体系做了详细的介绍；第二章则从可持续发展理论、非物质文化遗产理论和文化景观保护与管理理论三方面介绍了景观文化的基础理论；第三章论述了与景观文化相关的一些学科。下篇内容为第四章至第八章，分别探讨了城市景观文化、建筑景观文化、道路景观文化和旅游景观文化，并从多个方面结合实例分析了景观文化的设计与营造。

由于笔者的水平和学识有限，书中难免存在一些不足和疏漏之处，欢迎广大读者批评指正！

目录

上篇　理论篇

下篇　实践篇

上篇　理论篇

第一章 景观文化概述

第一节 景观文化概念解析

景观与文化的关系，如同形式与内容的关系。如果仅仅看到景观的外在形态而不能理解这种形态表现的内容，从旅游的角度看，等于没有读懂到过的地方、城市或国家；从文化的角度看，等于只看到了物态的文化而未进入决定这个物质形态外在形象的因素——精神文化内涵。因此，研究景观文化学，首先要弄清楚景观文化相关的观念体系。

一、景观

（一）景观的概念

"景观"是个外来词。在英文中，景观为"landscape"；在德语中为"landschaft"；在法语中为"payage"。景观的概念随着人对自然的不断认识而发生变化，当人类学会欣赏自然后，开始用自身的审美标准去衡量自然，景观开始具有视觉美学意义上的概念，与"风景""景致""景色"大体相同。我国《辞海》（语词版）1979 年版与 1982年语词增补版未将景观纳入其中，1989 年版增加了该词，解释为："地理学名词，泛指地表自然景色。"《现代汉语词典》1978 年版没有"景观"一词，1996 年修订版增加了该词，有两个义项：一是指"某地或某种类型的自然景色"；二是指"泛指可供观赏的景物"。

但是，不管是西方文化还是东方文化，"景观"的原始含义更多具有视觉美学方面的意义，即与"风景"的意思相近或相同，与英语 scenery 近义或同义。俞孔坚在《论景观概念及其研究的发展》一文中对国外关于景观的研究做了梳理，他认为："大多数园林风景学者所理解的景观，也主要是视觉美学意义上的景观，也即风景。"❶

尽管各种词典，如《韦伯斯特词典》《牛津英语词典》《辞海》《现代汉语词典》

---

❶ 俞孔坚 . 论景观概念及其研究的发展 [J]. 北京林业大学学报，1987(04): 433-439.

等对"景观"的解释都是把"自然风景"的含义放在首位。但是从景观文化的角度来说，我们更赞成对"景观"一词这样解读："景观是人所向往的自然，景观是人类的栖居地，景观是人造的工艺品，景观是需要科学分析方能被理解的物质系统，景观是有待解决的问题，景观是可以带来财富的资源；景观是反映社会伦理、道德和价值观念的意识形态，景观是历史，景观是美。"❶

（二）景观的分类

1. 按形成方式分类

（1）自然景观

自然景观，由自然环境系统构成。世界范围内，丰富的气候、地貌、动植物物种、复杂的地形，在时间进程中有规律或者混乱的动态的自然运动，都构成了自然景观的材料和对象。由这些材料和对象，进一步构建的宏大的场景，以及动态的演进演化，形成了丰富美好的自然景观。

对于自然景观而言，景观学和景观设计的研究方向主要是发现、保护这些景观资源，并寻找最佳的观赏方式。并由此进行配套的路线、交通和基础设施的设计建设。有的还在自然景观的基础上进行更具主题性的延伸（人工）景观和娱乐，以及功能的嫁接与融合。例如，对于雪山的滑雪娱乐的开发设计和配套的温泉洗浴及度假酒店的设施设计与开发，以及它们之间的功能与美学的匹配融合。

（2）人工景观

人工景观，包括有意识的和可控制的人工景观设计和无意识形成的人工环境的景观。园林、场地、公园、小区和建筑配套的绿化景观，都属于有意识可控制的人工景观设计。传统意义上的园林，是这种人工景观的典型代表。这种景观中，有很多类型，有着强烈的拟自然倾向。还有一些人类所进行的功能性建筑、场地，劳动的过程和劳动的环境本身首先是面对功能和技术的。但是，由于其具备很高的美学价值，能够引起人类的注意，甚至是主动性的审美，那么，这种人工环境和行为，也具备了景观的特征和实质。然而，这种景观是依附于技术功能之上的衍生性景观，是无意识形成的，或者非主动进行景观设计形成的。实际上，由于人类社会的进步，艺术文化的进一步发展及经济基础的不断改善，这一类建筑、场地、劳动、人类行为的景观意义越来越被重视和研究，也已经成为景观学非常关注的内容和设计对象。

---

❶　俞孔坚.景观的含义［J］.时代建筑，2002（01）：14-17.

2.按具体对象分类

（1）园林

园林主动性的设计和构建场地及附属建筑，主要的目的和功能就是提供一种休憩娱乐场所，具有强烈文化性的主动性的审美环境。这种场地，需要一定的尺度、形式、主题，脱胎于古典主义文化的文化艺术和建筑传统，一般情况下，更加强调自然材料和属性，对于地形、植被、水系等，要有较高的要求。功能性从属于艺术性和美学，一般认为，它们都反映了其所属的文化系统。

西方的园林，更强调几何美学和人（神）类的存在与在场感。往往以几何式绿化、修剪植物、水渠、喷泉、雕塑为主要素材。场景化、戏剧化，往往与重要建筑互相附着借景。有强烈积极的入世倾向。以中国园林为代表的东方园林，更强调拟自然地貌，以山水、植被为主体，少量的建筑和小品，以天人合一、师法自然、消隐人迹、淡泊恬静为主要特征。出世则是这种园林系统的精神背景。

（2）公园

传统公园一般以园林为基础，强化公共性。公园是公共娱乐设施和场地，甚至衍生出主题化的商业娱乐和文化；是园林的公共化、娱乐化和功能化的演进。一般情况下，具备很好的开放性。在审美娱乐的基础上，公众交流和活动成为一个重要的延伸。

（3）场地

包括广场、公众活动空间等。是主要的公众活动空间。在保证公众活动的空间组织情况下，进行适当的景观设计。由于空间尺度，公众性强，有着较高的美学要求。

（4）庭院和小区环境

附着于建筑的外围空间，承担着建筑周边和小区内宜居的生活美学、心理和生态环境的营造，以及提供局部范围内的活动场地。是最贴近生活的景观设计对象。

（5）建筑本体的美学

这包括建筑单体的美学，建筑与其所处环境的关系，建筑群的美学。建筑本身就构成景观要素。甚至一些重要的建筑就是核心的景观。一些标志性建筑往往构成一些城市或地区的重要的独立的景观。建筑群的美学价值更是一个重要的景观要素。对于一个城市而言，建筑群构成了城市自然地形地貌之外最为重要的景观资源和景观背景，有着强烈的、独特的、震撼性的美学效果。

（6）自然风景

这是一个庞杂的系统。包括地形地貌、山丘、河流、平原、草地、沙漠、海洋、河流、湖泊，甚至是冰雪、植物及其花季、动物及其行为和运动、云海、星辰、极光等。这也是所有人类都会喜欢的景观。因地域差异，这种景观资源有着强烈的地域性差异。条件不具备时，难以复制。

（7）城市、村镇本身

由于城市和村镇本身具有或多或少的景观资源，并依托这种景观资源，融合当地人民的生活方式和生活行为，这种人文和生活方式，一旦和景观相结合，就成为景观的一部分，甚至是极为重要的内容，如丽江、周庄等；还有很多城市魅力十足的夜生活中心，如西安的鼓楼、北京的什刹海和后海、上海的新天地等饮食娱乐夜生活中心。

（8）街景

街景，是建筑群、灯光、人流、车流及其他景观因素和生活方式的一种综合系统的典型代表。由于历史文化和经济因素，核心街景也具有强烈的地域特征和文化差异。

（9）历史遗迹

在历史文化符号和心理暗示的背景下，历史遗迹的物质景观和文化心理活动的结合，使得历史遗迹具有独特强烈的审美特征，成为景观中一种重要的、独立的景观形态。

（10）宏大的场景和运动

潮汐、水库、机场、战争等，都具有宏大的尺度和恢宏的气势。是一种戏剧性的、场景化的、特殊化的空间时间的组合，往往有复杂恢宏的运动，给人以震撼性的审美和想象。

（11）灯光系统、喷泉、烟火

由于灯光、喷泉、烟火等神秘而浪漫，曼妙的视觉效果和动态性，形成独特强烈的审美对象和心理暗示。成为重要的景观类型和资源。

（12）大型的人类活动

狂欢、集会、游行、大型的体育赛事、文化活动。是规模庞大、人数众多、壮观热闹的人类集体行为，本身就构成了强烈的视觉审美。这种动态的、互动的方式和文化属性，更能激发人类的审美和情感。这种景观由于不是经常性的、稳定的项目，往往定位于文化活动，但不能掩盖其具备的强烈的景观性。很多城市的民俗和体育活动，如日本的春祭、巴西的狂欢节、威尼斯的狂欢节、中国的端午龙舟和元宵节，以及国际上经常举行的赛车、帆船赛等活动，实际上已经形成了非常震撼而特定的人文景观！

（三）景观价值取向

1. 价值与价值取向

我们在谈论"价值"的时候，必然要提及价值的主体与客体，也就是说，价值是客体对于主体的价值，价值可以用"有无""大小""高低""多少"这些概念来形容，而且衡量价值的标准通常是主观的、不确定的。价值的主体通常是人，价值的客体可以是任何事物。我们知道，事物之间的关系错综复杂，有些关系就是对立的、矛盾的。所谓的价值取向，就是指以人为主体，在面对这样一些有冲突矛盾的客体时，所保持的立场、态度与倾向。

评价景观的价值，首先是对于人的价值。但是，也要分清楚是什么样的人、是哪些人，这些人需要什么样的价值，或者反过来说，什么样的景观对于这些人是有价值的、有多大的价值。其次，是景观对于自然环境的价值。当然，这也是人站在自然的角度去思考的，不但是为了环境去思考，更是为了人类自身去思考，这确实是一种反思。另外要指出的是，景观生态学正是在这种反思的过程中形成的，正是为了协调人类社会与自然环境的关系而诞生的。

我们提到过，衡量价值的标准是不确定的，一方面，不同国家、不同地域的人存在不同的价值观；另一方面，在不同的时代，人们的价值观也不尽相同。我们的景观设计力求能使不同种族、不同肤色的人都能接受，讲求国际化的问题，就必然要考虑到通用的价值观。我们的景观设计，又要讲求可持续发展，为子孙后代的长远利益着想，就必然要考虑到"持久的价值观"。

生活在当今社会的人，其实很难评判今天的作品的价值。尽管我们很难全面、客观地分析景观设计的发展趋势。但是无论过去、现在或是将来，我们每一个设计师在实践过程中都无法回避一些最基本的问题，对待这些问题的态度与方式，取决于不同时代背景下景观设计师的观念和思想，这也就决定了作品的表现形式，进而影响作品的生命力。

2. 传统与现代

几乎每一个设计师都曾有面对传统与现代的关系的困惑。早期的现代主义者更倾向于将两者对立起来，但在今天，越来越多的人认识到两者之间的必然联系。与文化的变革一样，景观的发展与变革，也是在伴随着对过去的继承与否定中进行的，一种新的景观形式的产生，总是与其历史上的园林文化有着千丝万缕的联系。任何设计师都是在一定的社会土壤中成长起来的，即使将自己标榜为最前卫的设计师，也无法回避自己作品中沉淀的特定的文化痕迹。然而，珍视传统的价值，并不是要无视社会的进步与科技的发展，一味地模仿过去。最好的模仿也只能产生赝品，而不是真迹。优秀的设计不是对传统的浅薄模仿，而是将悠久的地方园林传统与现代生活需要和美学价值很好地结合在一起。并在此基础上提高作品的价值。

将传统与现代结合在一起的另一层含义在于，新的景观设计不仅要展现当今社会的需要，而且它们在保护或重新塑造城市历史地段的价值方面也扮演着越来越重要的角色。

3. 景观与社会

景观的发展与社会的发展是紧密联系的。社会的政治、经济、文化状况对景观的发展有着深刻的影响。回顾历史，正是工业革命带来的社会进步使园林的内容和形式发生了巨大的变化，促使了现代景观的产生。社会经济的发展、社会文化意识的进步，促进了景观事业的发展和设计领域的不断扩大。严重的能源危机和环境污染对于无节制的生产、生活方式是一个沉重的打击，人们对自身生存环境的危机感日益加重，于是环境保护成为普遍的意识。社会产业结构的调整与变迁，使得完全不同于传统意义上的景观不断出现。社会的发展改变着今天景观设计的面貌，社会因素是景观发展最深层的原因。

景观的社会意义还在于，景观应该也必须要满足社会与人的需要。今天的景观涉及人们生活的方方面面，现代景观是为了人的使用，这是它的功能主义目标。为普通人提供实用、舒适、精良的设计应该是景观设计师追求的境界。

景观对社会的积极作用也许已经超过了历史上的任何时期。今天，景观设计师面对的地块越来越多的是那些看来毫无价值的废弃地、垃圾场或其他被人类生产生活破坏了的区域，这与我们前辈的情况完全不同，他们有更多的机会选择那些具有良好潜质的地块、具有造园价值的土地。然而，今天的景观设计师更多的是在治疗城市疮疤，用景观的方式修复城市肌肤，促进城市各个系统的良性发展。在这一过程中，首先需要的不是创造，而是解决各种各样的问题。这样的景观的积极意义不在于它创造了怎样的形式和风景，而在于它对社会发展的积极作用。

景观的建设与经济的发展应该是一个良性的互动，实际上，景观建设在今天也是社会经济活动的一部分。经济的发展带动了景观的发展，反过来，景观的建设也促进了社会经济的繁荣。许多地区的经济发展都是通过景观的建设为先导的，先有景观环境，再有商业、城镇及公用设施。一些大型的博览会、体育盛会的举办，往往是城市落后的地区或未开发地区振兴和发展的契机。对会址和园区的合理规划，特别是会后该地区的发展蓝图，是博览会或体育盛会成功举行的重要保证。一般而言，每一次博览会结束后，大部分的展馆、展园均被拆除，留下的是一个有着良好景观骨架的未来城市新区。展览是临时的，地区的发展却是永久的。

4. 景观与艺术

毋庸置疑，景观设计是一门艺术。它与其他艺术形式之间有着必然的联系。现代景观设计从一开始就从现代艺术中吸取丰富的形式语言。对于寻找能够表达当前的科学、技术和人类意识活动的形式语汇的设计师来说，艺术无疑提供了最直接、最丰富的源泉。从现代艺术早期的立体主义、超现实主义、风格派、构成主义，到后来的极简艺术、波普艺术，每一种艺术思潮和艺术形式都为景观设计师提供了可借鉴的艺术思想和形式语言。今天，艺术的概念已经发生了相当大的变化，美不再是艺术的主要目的和评判艺术的标准。艺术形式层出不穷，纯艺术与其他艺术门类之间的界限逐渐变得模糊，艺术家们吸取了电影、电视、戏剧、音乐、建筑、景观等的创作手法，创造了如媒体艺术、行为艺术、光效应艺术、大地艺术等一系列新的艺术形式，而这些反过来又给其他艺术行业的从业者很大的启发。

5. 景观与生态

景观的生态性并不是新鲜的概念。无论在怎样的环境中建造，景观都与自然发生着密切的联系，这就必然涉及景观与人类和自然的关系问题，只是因为今天的环境问题更为突出、更受到关注，所以生态似乎成为最时髦的话题之一。

席卷全球的生态主义浪潮促使人们站在科学的视角上重新审视景观行业，景观设计师们也开始将自己的使命与整个地球生态系统联系起来。现在，景观行业发达的一些国家，生态主义的设计早已不是停留在论文和图纸上的空谈，也不再是少数设计师的实验，生态主义已经成为景观设计师们内在的和本质的考虑。尊重自然发展过程，倡导能源与物质的循环利用和场地的自我维持，发展可持续的处理技术等思想贯穿于景观设计、建造和管理的始终。在设计中，对生态的追求已经与对功能和形式的追求同等重要，有时甚至超越了后两者，占据了重要位置。生态学的引入使景观设计的思想和方法发生了重大转变，也大大影响甚至改变了景观的形象。

越来越多的景观设计师在设计中遵循生态的原则，这些原则表现形式是多方面的，但具体到每个设计，可能只体现了一个或几个方面。通常情况下，只要一个设计或多或少地应用了这些原则，都有可能被称作"生态设计"。

生态思想在景观中还有一些视觉化的表现，如在城市中一些人造的非常现代的建筑环境中，种植一些美丽而未经驯化的当地野生植物，与人工构筑物形成对比。

今天的景观设计变得越来越丰富多彩，风格也越来越多样，它们的价值还有待经受时间的检验。但是那些具有长久生命力的作品应该是与时代精神息息相关的艺术品，它们吸收了历史的精神，但决不模仿固有的风格；它们符合科学的原则，反映了社会的需要、技术的发展、新的美学观念和价值取向。

（四）景观社会行为心理

1.社会行为心理

社会行为心理，是研究社会行为的内在体验和外在表现发展变化过程及其规律的学问。社会心理与社会行为是人类社会性质不可分割的两个方面。社会心理是社会行为的内在过程，而社会行为则是社会心理的外在表现。

社会行为心理是关于社会、文化和人格及派生物地位、角色和自我之间的相互影响与相互塑造的综合，是从心理层面上对于人类社会行为的流行性反应的总体把握。从学科性质上讲，它既不是心理学的分支，也不是社会学的分支，而是在社会学、心理学、文化学、文化人类学、行为科学、政治学、经济学、管理学等相互作用、相互渗透的基础上形成的一门独立的整合社会心理学。它是在社会学、心理学、文化人类学等母体学科的基础上形成的一门具有边缘性质的独立学科。

社会行为心理是随着人口增长、现代信息社会多元文化交流及社会科学的发展而注入景观设计的现代内容。主要是从人类的心理精神感受需求出发，根据人类在环境中的行为心理乃至精神生活的规律，利用心理、文化的引导，研究如何创造使人赏心悦目、浮想联翩、积极上进的精神环境。

园林绿化也好，环境艺术也好，所营造的景观环境终究是为人类所使用的。这就涉及研究人的心理行为，考虑什么样的环境为人们所喜爱，什么环境下会引发什么样的行为活动等，来进一步组织人的活动、安排娱乐休闲时间十分重要。

德国有位景观设计师，在汉堡的中心街区设计了一个十分精美的绿篱，还别具匠心地设计了几个供人通行的小径作为过街通道。然而，绿篱建成不久，就被行人践踏得一塌糊涂。设计师百思不得其解，人们为什么放着好好的鹅卵石小径不走，却舍近求远去踩踏绿篱？后来在一位园艺大师的指点下，将绿篱拆除，裸露土壤，任人踩踏行走，时间一长，那里被行人踩出的一条条深浅不一的小径。根据园艺大师的建议，在这些小径上铺了鹅卵石，两侧栽满了四周不设围栅的绿化花卉，此后，再也没有人践踏绿地了。后来才知道，原来是这种设计正好与人们的行为心理相吻合。

巴黎的南城区曾经是全市最脏的地方，卫生部门采用多种措施试图改变这种状况，却都收效甚微。后来，有人提出一个方案，那就是增加一些特殊的垃圾桶。它们的模样被设计成类似于篮球场上的篮筐，然后在篮筐上套上袋子，人们只要将垃圾像投掷篮球一样投篮进去就行了。事实证明，这种垃圾桶很快就引起了居民的注意，人们热衷于像乔丹打篮球一样去垃圾桶"投篮"，南城区的卫生状况由此发生了根本好转，很快成为巴黎比较干净的区域。

在景观设计中，无处不存在着这样的考虑。从某种意义上说，任何一项景观设计都是研究心理的结果，只有设计的作品吻合人们的行为心理需要，它才会受到欢迎，否则人们就不会买账。大到像旅游景区、奥运场馆、摩天大厦这样的庞然大物，小到像垃圾桶、电话亭这样的小玩意儿，都是一样的道理。

2. 景观环境心理学

景观设计师在长期的设计思考过程中会形成这样一个经验，那就是设计的景观与人的联系往往比景观本身更为重要。以一棵树为线索，对人来说，一棵看不见的或者容易被忽略的树就等于不存在。更具体一点的，远处山坡上的一棵开花的孤赏树，对游人来说也只是某时某地的一个标记，人们爬上山坡去接近那棵树，并看清楚开花的这棵是一棵合欢树，便开始产生丰富的联想：想去摘一朵花，闻一闻它的花香。春天的午后，人们愿意在树下小憩片刻；盛夏的傍晚人们愿意在高大浓郁的树荫下乘凉，在低处树枝上给小孩系一个秋千。于是，这棵树又有了新的内涵，树还是那棵树，但因为人们跟它的联系不同，感受到的就不同，不同人又会有不同的感受。这就是环境心理学研究的内容——人与环境的相互作用的关系，在这个作用中，人可以改变环境；反过来，人的行为和经验也被环境所改变。在植物配置的设计过程中，无论设计师在布置一棵树或是一个植物空间的布局时，都有诸多环境心理因素需要考虑，不仅要考虑它们的空间位置关系，还要考虑与它有关的人的关系，设计师应该通过一系列关系的设计来充分展示物体最吸引人的特征，从而控制人对物体的感知。

要合理运用环境心理学的知识来指导设计人性化的景观，首先就要了解什么样的景观是人们需要和喜爱的，人类需要怎样的生活环境，理想的住宅花园、公园绿地、校园景观应该是怎样的，这些问题的答案都决定了景观设计未来的发展方向。

3. 景观心理意象

环境心理学家指出，当景观的不同空间类型作为某种环境类型被人们感知之后，就会以环境意象的形式留在人们的脑海中并形成回忆。环境意象是指空间环境在意识中形成的可被回忆的形象。凯文·林奇在《城市的意象》中把它称作"认知地图"，提出"环境意象""认知地图"的概念的目的主要在于强调环境特征的易识别性。尽管不同人对于不同环境中的路径、标志、节点、区域、边界等环境要素会形成不同的内容，从而呈现出巨大的差异。但是环境意象总是按照人们易于识别的实际需要在头脑中逐步形成，并带有一定的持久性和稳定性，哪怕客观环境发生了变化，环境意象也不会轻易改变。

植物作为园林中的一个重要组成元素与路径、节点、区域、标志、边界等环境意象的形成之间有着密切的联系，植物本身可以作为主景构成标志、节点或区域的一部分，也可以作为这几大要素的配景或辅助部分，帮助形成结构更为清晰、层次更为分明的环境意象。

（1）道路——有序的景观意象

道路是整个环境意象的框架。景观所包含的道路应该特征明确，贯通顺达，具有强烈的引导性和方向感，形式上或曲或直，或平或崎，即使是迂回的通幽小径也必须有明显的规律性特征，向人们暗示着前方别有洞天。

在笔直的道路旁种植单行或双行树给人以强烈的视觉冲击感，而在自然的道路两侧则用强调型植物强调顶点位置，强化道路的走向效果。景观中的道路可以利用植物逐渐形成统一的空间序列并能围绕和连接不同的功能场地，游人也可以沿着两侧植物暗示的道路行进，走向目的地，在有序的空间序列中人们才能感到安全。

（2）边界——清晰的景观意象

景观中的边界不仅是指可分隔人文景观与自然环境的分界线，而且还包括景观内部不同区域之间的分界线。有时区域边界就是道路。

景观中利用植物可以形成不同的边界意象，边界有"虚隔"和"实隔"之分。"虚隔"如草坪与马路边界，可以用球形灌木有机散植，形成相对模糊的边界，既起到空间界定作用，又不会过分阻隔人与自然的亲近；"实隔"往往用成排密实整形的绿篱对边界进行围合，创造出两个不能跨越的空间，可以有效地引导人流，实现空间的转换。

现代开放式绿地的边界设计更倾向于带状开敞式的公共小广场的边界形式，沿路一侧分别设几个入口，整齐的冠荫树可以构成显著清晰的场所特征和标识。不仅供人们方便地进出场所，而且还可以为等候、驻足、小憩的人提供一个遮阴避阳、可靠安全的场所。

（3）标志——象征性的景观意象

标志是一种特征显著、易于发现的定向参照物。人们对于标志的环境意象是十分敏感、兴奋的。在景观中，标志物可以是一个雕塑、一组小品或者一座具有历史意义的构筑物，也可以是一棵或几棵历史悠久的大树。无论在景观的哪个区域，标志物都可以作为区域的核心景观。而植物作为标志性的景观往往表现为以下几种形式：草坪中的孤植树，构成视觉焦点，此类植物要以形体高大，枝繁叶茂，叶、花、果等具有特殊观赏价值为佳，特别引人入胜；在建筑物前、桥头等位置的孤植树，具有提示性的标志作用，使游人在心理上产生明确的空间归属意识；一些具有纪念意义的古树名木，构成景观、园林中的特有的精神特征和文化内涵，成为全园的标志，起到视觉导向作用。

（4）节点——引人入胜的景观意象

节点的重要特征就是集中，特别是功能的集中。在景观空间中，包括绿地出入口、道路起终点、区域与道路的交叉节点、区域与区域的交叉节点等。节点很可能是区域的中心或象征，节点也往往是人群驻留的地方。如景观的入口是划分内外、转换空间的过渡地带。人口人流汇集，信息丰富，人们进入某一类型的景观，最先就是通过入口接收到环境信息的。如果入口不能输导人流，不能吸引视线，引导视线，反而阻断视线，则不仅难于建立入口环境意象，甚至使人焦虑和失望。因此，在入口植物配置的布局形式上不宜过于分散复杂，宜集中简洁，视野通畅。植物品种上应选择形态优美、观赏性强的观赏树种，以给人明朗、兴奋的入口意象。而大多数游人都有这样一种心理认同感，那就是结束游览后会寻找原来的入口离开，这是因为相对于其他入口，人们已经对原来的方位、形状及附近环境较为熟悉，不再陌生，易于心理认同并感到安全。体验出口的过程往往是对游园全程的总结与回味，因此出入口作为节点的设计至关重要。

（5）区域——统一和谐的景观意象

这里的区域在景观中是指具有某些共同特征，占有较大空间范围的区域，如广场、儿童和老人活动场所、种植区、草坪区、停车场等。区域的类型很多，与之对应的景观意象也就丰富多彩。从环境心理学角度出发，设计都应遵循统一而和谐的原则。比如，设计不同年龄层次人的活动区域，意象特征就应该抓住这个年龄层次人的心理和生理特征，符合不同人的心理需求。儿童活泼好动，好奇心极强，所在活动区域的植物就不宜用一些针叶类的或带刺的、有毒的植物。相反，可以选择一些有益健康的，而且是观赏性强的植物，更易被儿童及少年接受，可以激发他们的好奇心，增强他们的求知欲。而在设计老年人活动场地的植物时，就要考虑老年人在性格上更偏向于沉稳、安静，心灵上更渴望回归安详、宁静的状态，因此，要通过植物配置来软化具有较高程度视觉、噪音、运动等特征的周围环境，尤其要选择一些保健类的植物以利于老年人身心健康，而不要用不适宜的植物引起程度较高的激动或兴奋。

二、文化

（一）文化的含义

要理解景观文化的含义，首先要了解文化的含义。

首先要指出的是，对于文化这个抽象的概念，学术界并没有一个统一的、精确而严格的定义。这是因为文化所涵盖的范围非常广泛，所包含的内容关系错综复杂，各个学科的学者都可以从本学科的角度出发，对文化作出不同的解释。据统计，至今有关文化的各种不同的定义已超过两百余种。面对这样一个庞杂概念定义的困难程度可想而知。

下面是对文化做的一个笼统的分析。

我们所研究的文化，必然是指人的文化、人类的文化。我们知道，人与人并不是孤立的存在，人是社会的人，不能脱离社会，人与人的关系就是社会关系。人类的社会活动产生了文化，文化是人类社会的产物。文化随着人类社会的诞生而诞生、发展而发展。同时，文化的发展也促进了人类社会的发展。人通过继承、学习、研究并拓展前人的或现今的、本民族的或其他民族的文化，来提高自身的修养、思维水平与行为能力，从而更加完善地、合理地处理人与人之间、人与自然之间的问题，更好地协调人类社会内部、人类社会与自然环境之间的关系。可以说，文化是一种社会发展的推动力。

人类社会的发展是一个漫长的历史过程，期间诞生、发展形成的各种文化，都不是一朝一夕之事，都离不开时间的积累、历史的积淀。可以说，文化是一种历史的沉积物。人类历史就是人类文化的发展史，一个国家的历史就是这个国家文化的发展史。同时，历史也成为文化所涵盖的一项重要内容，历史研究成为文化研究必不可少的部分，我们在谈论文化的同时，无可避免地要谈论到历史。

语言和文字是人类记录历史的重要工具。语言的产生先于文字。文字是语言的视觉表达形式。文字属于符号，这里的符号是指一切用来表达一定意义的形象。常见的符号还包括标点符号、数字与运算符号、天气符号、表情符号等。符号不仅限于图形形式，它还可以是一个建筑造型、一个人物形象，甚至是一个思维概念。语言和符号是文化赖以生存与发展的基石，对文化的记述与传承起到不可替代的作用。

从广义上讲，人类所创造的一切物质文明与精神文明，都可以称之为文化。当然，我们不能简单地将文化割裂为"物质的"与"精神的"，大多数时候，它们是并存的。文化具有物质表形，同时又是精神载体，我们只能粗略地将其分为如下几个层面。

第一，制度文化，大到国家的社会制度、政治制度，小到个人的婚姻制度、家庭制度，人类社会中产生了若干强制性措施来保证人类社会自身的平稳健康发展。具体表现为各种各样的律法、条文、规范及其配套的权力机关、执行系统。制度文化是人类自我约束的集中表现。

第二，知识文化，就是通常所说的文化知识、科学技术、经验才能。人类在长期生产生活中总结、构建出了庞大的知识体系，用来反映事物的属性与关系，理解事物的概念与规律。从研究对象上来看，知识可以分为自然科学与社会科学，从表达内容来看，可以分为认识论与方法论。知识的本质是一种信息，具有可记录性与可流动性。

第三，意识文化，又可以称为心理文化，大到哲学观念、宗教信仰、伦理道德、文学艺术，小到人生观、价值观、时间观、思维方式、为人处世、审美情趣等，都涵盖其中。这是一个更加高级、更加深层的文化范畴；这是一个更加开放、更加自由的文化层面。意识文化体现了人类对宇宙万物，包括对人类自身的深刻理解，对人类与人类社会具有强大的导向作用。

第四，表型文化，涵盖着人类的一切经济生产与日常生活。包括风土人情、风俗习惯、节日庆典、祭祀仪式、衣食住行、人际关系、生活方式等。它是深层文化的外在体现，又可以称为行为文化或者大众文化。这是范围最广泛的文化，最贴近实际生活的文化，具有较强的渗透力与亲和力，如茶文化、快餐文化等。

根据以上分析，可以给文化下一个简单的定义：文化是人们在生活中实践和传承的思维、行为和组织的方式及其产品。这个定义将文化看作是一个复合的整体，强调从人们的行为和组织、制造的物件及观念的角度来理解和研究文化。

（二）文化的结构与要素

我们可以把文化分为物质的、社会的（或制度的）、精神的（或意识形态的）三个层面。物质层面的文化，指的是人类活动有意或无意的残留物，包括远古和现代的建筑物和人造物品。这些物品提供了可供选择的洞察力，用以透视人们感知和适应其生活的方法。社会层面的文化，指的是人们的行为和组织方式及对人们的行为进行约束的规范或制度。精神层面的文化，指的是人们用来解释经验，生成行为的抽象的价值、信念及世界观。值得注意的是，这三个层面只是我们认识文化的分类工具，它们之间并不是相互分离的，而是彼此紧密联系的。为了便于认知和研究时具有可操作性，我们参考马林诺夫斯基的《文化论》及其"文化表格"、哈里斯的《文化唯物主义》，以抽象出文化的构成要素。

1.物质设备

所有的人类社会都必须满足他们的成员的物质需求，如人们的吃、穿、住、行等。但是，物质的东西不仅满足了我们的生存需求，它们还满足了我们文化上界定的需求。例如，我们需要食物来维持生命，但是我们需要以特殊方式加工而成的特别的食物来满足人们的审美和社会要求。

2.经济体系

世界各地的人们都体验过那种只能通过别人的货物和服务才能满足的需求，为满足这样的需求，人们依赖于文化库中的一个方面——经济体系。对此，可以理解为满足生物和社会需要，在货物和服务上的供给。

经济体系的一个方面是与生产相关的，生产的意思是提供可供使用的物质产品以供人类消费。生产体系必须指定分配资源的方式。资源分配指的是人们用来分配资源所有权和使用权的文化规则。生产体系也必定包括技术。美国人通常将技术与用来制造产品的机器联系起来，而不是与用来制造它们的知识相联系。但是，许多人类学家将生产直接与文化相联系。这里，我们将技术界定为制造和使用工具、开采和加工原材料的文化知识。生产体系还包括劳力分配，劳力分配指的是支持人们工作任务的规则。在狩猎和采集社会，劳力通常是根据性别来分工的，有时候是根据年龄。在这些社会中，几乎每个人都知道如何生产、使用和收集必需的物质资料。然而，在工业社会，工作被高度专门化了，劳力被按照技术和经验进行分工。

经济系统的另外一个组成部分是分配。目前，存在三种基本的分配方式：市场交换、互惠交换和再分配。

3.亲属关系、婚姻与家庭

除了物质上的需求外，社会生活对于人类生存也是必需的。我们从出生的那一刻起直至死亡都是与其他人联系在一起的。人们教会我们说话，他们向我们展示如何与我们的周边环境发生关系，他们给我们帮助与支持，通过他们的帮助与支持，我们获得个人的安全和精神的健康。独自一人的时候，我们是非常脆弱、无抵抗力的灵长类动物；成为群体的时候，我们具有惊人的适应力和力量。然而，尽管有这些优点，组织完善的人类社会要实现起来却非常难。尽管我们似乎继承了求得社会赞同的生物需求，我们也心怀个人利益和野心，但这些会妨碍或破坏亲密的社会联系。为了克服这些分裂的倾向，人类群体围绕着几个原则来培养合作与群体的忠诚感，亲属关系是这些原则中最强有力的原则。

我们可以把亲属关系界定为由文化界定的、基于姻亲关系和血亲关系而建立的复杂的社会关系系统。亲属关系研究包括考察这些原则，如世系、亲属地位与角色、家庭与其他亲属群、婚姻、居住等。

4.法律与政治制度

任何社会中，都经常会发生个体间的争执，如何处理这些争执是人类学者界定的法律制度。法律是人们通过代理人的手段来解决争论的文化知识。

虽然我们经常将法庭与法律系统视为同义词，但是社会还是发展出了多种解决争论的机制。例如，一些争论可以通过自我补救的方式来平息，意思是犯错误的个体有权通过自己解决事件。竞赛，通常是争执双方在体力与智力上的较量，也可以用来解决争论。一个被信任的第三方或者中间人，也可以用来协调争论双方，直到事情解决。在一些社会中，超自然的力量或者人有时也被用来解决争吵。政治制度与法律紧密相关，政治过程要求人们制定并遵从一定的政策，这样做的话，一项政策必须要获得支持，它可以是任何有助于它的采纳和执行的东西。人类学家识别出两种主要的支持——合法性的支持和强制性的支持。

政治过程还有其他一些重要的方面。一个社会的一些成员会被给予一定的职权，即对公共政策具有制定和施加力量的权力。然而，具有职权的正式的政治机构并不是在每个社会都有的。大多数的狩猎和采集社会，以及许多采用刀耕火种技术的社会就缺乏这样的职权。领导才能，即影响其他成员行为的能力，在这些社会中被非正式地行使着。

（三）文化的特征

所有的人类文化都共有一些基本特征，对这些特征进行归纳与阐述，有助于我们更好地理解文化。

1. 文化的共享性与习得性

文化是同一文化群体的成员所共享的，它不是一种完全属于个人的属性，而是作为群体成员的个人所具有的属性。共享的信念、价值、记忆和期望，将一个相同文化中成长的人群联结在一起。正是这种群体共享性，使个人的行为能为社会其他成员所理解，而且赋予他们的生活以意义。因为人们分享共同的文化，他们能够预见其他人在特定环境里最倾向于何种行为，以及如何作出相应的反应。

文化借以从一代传递到下一代及个人借以成为其社会成员的过程被称为"濡化"。濡化过程提供我们许多共同经验，孩子能够轻易地吸收任何一种文化，凭借的是人类独一无二的复杂的学习能力。每一个人透过一套有意识或无意识的学习及与他人互动的过程，随着时间开始内化或整合一个文化传统。有时候文化是直接被教导的，就像父母教导孩子，当某人给了他们某些东西，或是帮了忙之后，要说"谢谢"一样。文化也可以通过过观察来传递。例如，孩子们在注意周遭发生的事情的时候，修正自己的行为，不仅是因为别人告诉他们要这么做，还有些是出于他们自己的观察，并渐渐认识到他们的文化所认定的是非对错。

2. 文化的实践性与功能性

文化产生于为满足某种需求的实践，具有一定的功能。文化必须为生活所需的物品和服务的生产及分配提供保证，如果文化不能成功地处理这些基本的问题，就不可能持续存在下去。它必须通过其成员的繁衍，为生物的延续提供保证；它必须使新成员濡化，这样他们才能成为有用的成人；它必须维持其成员之间的秩序，以及他们与外人之间的秩序；它必须激发成员持续生存下去并参加持续生存所必需的各种活动。

3. 文化的符号性

文化是符号的,人类学家怀特认为,当我们的祖先获得使用符号的能力时,就是文化萌芽时。❶

符号就是某种口语的或非口语的事物,在一个特定的语言或文化中,用以代表某些其他事情。符号通常是语言的,通过语言,人类可以在代与代之间传递文化信息,特别是语言可以使人们在积累的经验中学习。因此,萨丕尔认为,语言是纯粹属于人类非本能的交流观念、情感和期望的方式,这种方式通过受意志控制而产生的符号体系表现出来,因而人类能够把文化一代代传递下去。❷但也有一些非语言的符号,例如,国旗代表着国家。

4. 文化的整合性

文化的所有方面在功能上相互关联的趋向称为整合。文化是整合的、有模式可循的体系。一种文化中任何一部分的变化经常会引起其他部分不同程度的变化。例如,如果一个体系的某个部分,如经济发生变迁,其他部分也会发生改变。文化不仅借由其主要的经济活动与相关的社会模式被整合起来,也借由价值、观念、象征与判断的组合进行整合。文化训练他们的成员,共享某些人格特质。一套特定的中心价值或核心价值(主要的、基本的、中心的价值)整合了每一种文化,并且有助于把这种文化与其他文化区分开来。

5. 文化的普遍性与特殊性

人类学家研究不同时空里的人类群体,他们发现每一种文化既具有普遍性,又具有特殊性。某些生物、心理、社会文化的特质见之于每一种文化,是为文化的普遍性;还有一些特性只为某些文化传统所独有,是为文化的特殊性。

普遍性,就是使得人类和其他物种有所区别的特性。基于生物基础所产生的普遍性,如漫长的婴儿依赖期,男性与女性的某些体质差异,一个复杂的大脑使我们得以运用象征、语言与工具。心理包含人们思考、感知与处理信息的常见方式。社会普遍性,就是在群体及某种家庭中的人类生活,如家庭生活与食物分享。

文化特殊性就是一种并未被普遍传播的文化特征或特质;相反地,它被局限在一个单独的地点、文化或社会。

---

❶ （美）怀特.文化科学——人和文明的研究 [M].曹锦清等,译.杭州：浙江人民出版社,1988.

❷ 周大鸣.文化人类学概论 [M].广州：中山大学出版社,2009.

6. 文化的适应性与变迁性

所有的文化都会根据社会的变迁而变迁，适应的过程也是变迁的过程。虽然文化必须有某种灵活性以保持适应，但是文化的适应和变迁也可能引发意料不到的结果。换言之，适应有时在产生正功能的同时又产生了某种负功能。比如，科技的发展，太阳能取代了灯器的其他能源，为灯塔的无人值守提供了条件，但这些新科技的使用往往又产生了新的问题，灯塔无人值守或精减人员后，原先那些守塔人就会面临着失业的窘境。同样，长江三峡大坝建成后，信号台被撤销，原先的那些信号员不得不面临着转业或者提前退休的现实。

（四）文化交融

不同的民族有不同的文化，民族文化有相对的独立性与特色。文化上的差异也成为划分不同民族的标准之一。独特的民族文化之间处于平等的地位，并无孰优孰劣之分。不同的国家也有不同的文化，对于一个国家而言，其国家文化是其国家内部各民族文化的共同体。不同民族之间、不同国家之间通过经济的交往、民族的融合，文化也在相互交流、互相渗透、互相促进，形成了文化的交融与契合。

人类进入 21 世纪后，经济的全球化与文化的多元化成为热门主题。理解经济全球化与文化多元化的关系，掌握本民族、本国家的文化发展走向，成为人们迫切关注的问题。

从广义上讲，经济也属于文化的一部分，属于表型文化层面。经济的全球化，包括生产的全球化、金融的全球化和科技的全球化，其中以生产的全球化为主要推动因素。以发展中国家的眼光来看，其实质是发达国家的过剩资本在全球范围的流动。我们知道，在欧洲已经实现了经济的共同体，在国际上，经济全球化已经成为现实，并成为一股不可阻挡的潮流。许多发展中国家也采取了各种方法进行招商引资，吸引国外资本流入，力图促进本国经济的发展。许多具有优秀传统文化的国家和民族被纳入以西方文化为中心的世界经济体系之中，使原有的传统生产方式和生活方式由于资本的扩张被彻底打碎和进行重新组合，与此相关的传统文化也由于西方文化的入侵，受到强烈的冲击。

文化的核心是意识形态上的、观念上的，从开放度与自由度来说，必然是多样化的，相对于一体化的经济，它是多元的。我们现在谈论全球经济的一体化显然还为时过早（因此使用"经济全球化"一词），但在开放的思想层面，我们要有前瞻性地提出"文化多元化"的概念。首先，对于文化的多样性，要认识到：多样性的文化是人类的共同遗产，应当从当代人和子孙后代的利益考虑予以承认和肯定；保护文化的多样性，应该提升到国际道德标准的高度，与人权、自由、尊严相联系，每个社会群体都有创造、传播自己的传统文化表现形式的基本权利。其次，保护、改善和传承那些记录着人类经验和理想的一切形式的文化遗产，以便促进多种多样的创造力，反对文化霸权，鼓励文化间实现真正对话。最后，强调文化的多样性，建立多元化的文化体系，最终目标是缓解或消弭现今世界由于政治、经济和文化差异带来的文明冲突，使文明与文明之间能够广泛交流、取长补短、互相学习、共同发展，创造一个和谐的国际社会和人类生存环境。

一个民族、一个国家的核心文化，就像是一个人的灵魂，固有的性格一旦成型，就很难再改变。相反，经济是一个民族、国家与外界（即其他民族、国家）最直接接触的方面，其变化的速度也最快。换言之，经济是比较敏感、比较灵通的领域，而文化则是比较迟钝、比较固执的。文化、观念的转变往往滞后于经济、生产的变化；各民族、国家的文化、观念形态之间的融合，则更需要一个非常漫长的过程。这就是为什么在经济全球化已经成为现实的今天，文化的多元化却与之并行的重要原因。

同时，我们应该看到，随着经济全球化的日益发展，文化将逐步（包括经过激烈的摩擦与碰撞）走向融合的大趋势。一个民族既有其民族性，又有它所处的时代性，时代性的变迁首先是与它在经济上的对外接触相联系的。时代性居于边缘地位，民族性居于中心地位，一个较敏感、变速快，一个有惰性、变速慢，时代性与民族性经常处于斗争之中，但民族性终将（甚至是很遥远的）会因时代性的不断变迁而与别的民族性相融合。融合不是混合，也不是取消差异，取消民族特色，而是你中有我，我中有你。但在时代潮流的冲击下，一种民族性、一种文化性，越是具有生命力的因素越能保持其相对长期的稳定性，甚至可以在新的融合体中占有较重要的或主导的地位，而那些生命力较差或无生命力的因素则在新的融合体中无足轻重，甚至从根本上丧失了自己的位置。一种民族文化传统能否得到维持和发展，最终依据其是否具有生命力、是否经得起时代性的冲击和检验。违反时代潮流，硬性地维护某种民族文化传统，是不切实际的。

不能仅仅因为某种文化传统是本民族所固有的，就不管其是否具有生命力而一味加以维护。即使是对于某些值得维护和扶持的东西，其本身也必须作相应的、适当的调整。一个圆的周边变了，中心还岿然不动，这是不可能的。

三、文化景观

（一）文化景观的概念

文化景观是四种类型的世界遗产（文化遗产、自然遗产、自然和文化双遗产文化景观）中最晚形成的概念。

联合国世界遗产中心对文化景观的定义如下：文化景观代表了《保护世界文化和自然遗产公约》第Ⅰ款中的人与自然共同的作品。它们解释了人类社会和人居环境在物质条件的限制和自然环境提供的机会的影响之下，在来自外部和内部的持续的社会、经济和文化因素作用之下持续的进化。文化景观应在如此的基础上选出具备突出的普遍价值、能够代表一个清晰定义的文化地理区域，并因此具备解释该区域的本质的和独特的文化要素的能力。

（二）文化景观的类型

由于文化景观构成的复杂性，根据划分标准的差别，可以从多个维度对文化景观的类型结构进行划分。

1.世界遗产委员会的划分

根据世界遗产委员会公布的《实施世界遗产保护的操作导则》，文化景观被分为三个主要类别：

（1）人造景观

由人类设计并创造的景观，包括出于审美原因建设的花园和园林，且这些景观常与宗教等纪念性建筑或建筑群相联系。

（2）有机演变景观

源起于社会、经济、管理或宗教功能的历史景观，在不断演变回应自然、社会环境的过程中逐渐发展转变，形成了现在的形态。还可以细分为持续性景观和残存（或化石）景观，持续性景观既能在现代社会中发挥功能，又能体现传统的生活方式，且其演变过程仍在持续之中，如传统种植园；残存（或化石）景观是其演变过程早已突然终止或是经历了一段时期后终止了，然而其物态形式仍然可以展现其核心的独特面貌。

（3）关联性景观

也称复合景观，此类景观的文化意义取决于自然要素与人类宗教、艺术或历史文化的相互影响，多为经过人类改造的自然胜境，如风景区、宗教圣地等。

2.美国国家公园管理局的划分

根据美国国家公园管理局所管辖文化景观的特征，其将文化景观划分为四种类型：

第一类：民族学景观，指人类与其生存的自然及文化环境共同构成的景观，如宗教圣地。

第二类：历史性人造景观，由建筑师、工程师等有意识地按照某一历史时期的设计法则建造，能够反映传统形式的人工景观，如历史园林。

第三类：历史性风土景观，经由人类活动或驻留而演化形成的景观，它反映了所属社区的文化和社会特征，功能在这种景观的形成中扮演了重要角色，如历史村落。

第四类：历史性场所，联系着历史事件、人物、活动的遗存环境，如历史街区、历史遗址。

（三）文化景观的构成要素

一般学者认为，文化景观的形成离不开文化与自然两个因素：文化是催化剂，自然是媒介，文化景观则是所呈现的结果，从这个角度可以认为，文化景观由自然和人文两大类要素构成。此外，还有一种凌驾于各物质要素和非物质要素之上，可以感觉到但难以言表的气氛，它如同人的性情，是一种抽象的感觉，如人们在批评丽江古城"空心化""商业化"的同时，仍然难以否认它独特的氛围。自然要素为人类的生存与发展提供了各种条件，是构成文化景观的基底，这类自然要素有：水文、地貌、气候和土壤，以及在此基础上繁衍出来的动植物等。与文化景观可以划分为物质文化景观和非物质文化景观相对应，构成文化景观的人文要素又可以分为两类，即物质要素和非物质要素。物质要素是文化景观最重要的构成要素，指具有具体形态、可以被人们肉眼感知、有形的人文因素，包括聚落、族群、民族服饰、街巷、传统工具、传统生产劳作场景等。非物质要素主要包括生产关系、生活方式、风俗习惯、宗教信仰、思想意识、审美观、道德观、政治因素等。

（四）文化景观的特性

1.体现文化与自然的共同创造

文化景观与自然景观是相互对应的概念。自然景观又称原始景观，是自然环境原来的地理事物，是一种自然综合体，如高山、河流、彩云、瀑布、沼泽、草原、沙漠等。文化景观是指人们利用自然物质加以创造，并附加在自然景观上的各种人类活动形态，而使自然面貌发生明显变化的景观，也称人文景观，如城市、村庄、园林、寺庙、农田、工厂、道路等。长期以来，文化遗产与自然遗产的概念相对独立，自然遗产强调人为干预越少越好；文化遗产的重点在于人类的文化创造，内容包括文物、建筑群、遗址等孤立的保护对象，较少考虑整体结构与景观本身。实际上，文化与自然密不可分，在经济、社会等因素的驱动下，产生持续的相互交替影响，创造出两者延续性的关联状态，文化景观即是这一状态的外在表征与载体。自然因素为文化景观的建立和发展提供了各种条件，自然环境往往具有地域特点，使文化景观的许多人文因素形成明显的地域特色。构成文化景观基底的自然因素包括地貌、动植物、水文、气候、土壤等，各种因素在文化景观中的作用各不相同，其中地貌因素常常对文化景观的宏观特征会产生巨大作用，影响景观的人文程度。同样，即使在森林景观、草鱼景观、沙漠景观、江河景观、海洋景观中，生物因素仍然是文化景观中的鲜明要素。

2. 体现时间与空间的相互作用

文化景观的产生、发展，既离不开时间，也离不开空间。在时间方面，同一地区的人类共同体，因生活环境的变化和文化自身运动规律的不同，在不同的历史阶段形成了不同形态的文化景观；在空间方面，不同地区的人群共同体，在不同的生存环境中，逐渐形成了各具风格的生产方式和生活方式，培育了各种类型的文化景观。文化景观的这种特性可以明显反映区域特征。文化景观的分布特征，就是在历史发展的过程中，在时间上不断出现、演化、替换、消长，在空间上不断产生、交流、扩散、整合的结果。因此，必须回溯漫长的历史，探究不同历史时期中人们在某一地区的文化贡献，以明确该地区文化景观的发展过程；也必须放眼广阔的地域，探究不同地理环境中人们在某一时代的文化贡献，以明确该时代文化景观的历史创造。上述时间过程和空间过程相互作用的结果，使文化景观在一定区域范围内，产生了具有不同功能的文化景观类型，这些不同类型的文化景观又相互联系，构成了总的文化景观体系。

3. 体现物质与非物质的联合互动

文化景观的构成元素比较复杂，不仅包括形象生动的物质实体，往往还包含着文化的起源、扩散、发展等方面的非物质的文明成果。因此，构成文化景观的人文因素可以分成两类，即物质因素和非物质因素，物质因素主要包括聚落、街道、房屋、人物、服饰及交通工具、栽培植物、驯化动物等有形的人文因素。非物质因素主要包括思想意识、生活方式、风俗习惯、宗教信仰、审美观念、道德标准、生产关系等无形的人文因素。"文化景观也可以分为技术体系的景观和价值体系的景观两大组成部分。技术体系的景观（具象景观）是指人类加工自然而产生的技术的、器物的、非人格的、客观的东西在地球表层形成的地理实体，如聚落、农业、工业、公共事业等；而价值体系的景观（非具象景观）则是指人类在加工自然、塑造自我的过程中形成的规范的、精神的、人格的、主观的东西在地表构成的具有地域差异的意象事物，如民俗、语言、宗教等。但二者没有绝对的界限。"❶文化景观通常具有一定的空间性、时代性和功能性，传统、艺术、宗教的积淀，赋予了文化景观丰富的文化内涵。因此，文化景观不但是人类的物质创造经过时间和空间的积淀而形成

---

❶ 陈谨，马湧，李会云.文化景观视角的旅游规划理论体系：要领、原理、应用 [M].成都：四川大学出版社，2012:16.

的一种文化成果，也是能够集中反映民族特色、信仰传承、文化融合等非物质现象的物质载体。

4. 体现系统与整体的综合价值

文化景观反映不同区域独特的文化内涵，往往出于社会、文化、宗教上的要求，并受环境影响，与环境共同形成独特的系统，特别是与文化多样性相联系，越来越显现出丰富多彩的内涵和博大精深的底蕴。文化景观区别于其他文化遗产类别之处在于其能够充分代表和反映其所体现的文化区域所特有的文化要素的整体。文化景观作为一个完整的系统，体现了一种整体性，它超越了各组成部分之和，这就意味着文化景观中的每一个要素，由于自己的场所位置，以及与其他要素之间的相互关系，而被整体有意义地接受。即使其中每一处景观要素并不出众，但是加以整体性、系统性创造，就是一处无与伦比的文化景观。因此，对于文化景观的考察和评价，不能就某一地点论某一地点，就具体景观论具体景观，只有从系统的、整体的角度来看待和认识文化景观，才能使其经典的地位和突出的价值彰显出来。同样，文化景观中的某一地点或具体景观，一旦脱离了系统和整体，其价值就会大大降低。系统性与整体性也并不意味着完全相同或雷同，文化景观系统的复杂构成必然表现出局部微观的多样性，系统性与整体性应该和多样性与协调性相统一，共同展示文化景观特征的主旋律。

5. 体现连续与互动的长期结合

由于不同人群具有不同的文化背景和社会需求，因此，所创造的文化景观也各有明显的特征。纵观每一部文化景观的历史，都是一部和人类活动相伴相生的漫长历史。文化景观的概念将过去、现在及可以预见的未来联系在一起。文化景观的价值也是在人类与自然的不断协调、呼应和互动中得到体现，成为不断变化的、始终鲜活的文化形态。文化景观虽然在一定状态下保持一定的平衡和稳定状态，但是由于所研究的局部区域及具体事物大多属于开放性系统。在这样的系统中，物质和能量能进能出，在不断发生变化，随着旧的平衡被打破，又出现了新的平衡，即处于动态平衡之中，因此，不能把文化景观看作是静止的、固定的，它们有着自己的形成发展过程，受到种种外界力量的干扰。文化景观所赖以维系的这种互动的关系，不仅在过去发挥着重大作用，而且现在和未来仍应发挥重大作用。文化景观不仅是在一定的文化理念的指导下，在自然环境中发现、提炼、创造而成，反映出文化的进程和人类对自然的态度是文化的起源、传播和发展及存在价值的证据，同时，它也是一面镜子，折射出一个国家、地区和民族的发展历程和文明水平。文化景观随着历史的演进，体现出不同的时代特征。对于前人文化创造的业绩和所作出的贡献，后人应怀有感恩之心与敬畏之情，悉心加以保护，使历史与现代之间具有世代传承性。

四、景观文化

（一）景观文化的概念

景观文化是将景观与文化合一的偏正词组。顾名思义，这是一种与景观的外在形式相联系的文化解读，离开了景观的外在形态来谈景观文化，等于是无源之水、无木之舟；同时，离开了文化的内涵价值去论景观，等于是无本之木，无水之鱼。

景观文化至今未有统一的定义。人们站在各自的角度，按各自的理解进行不同的解读。沈福煦在《中国景观文化论》中认为，景观文化是一种文化，它有更多的社会文化性，与社会伦理、宗教、习俗及观念形态有关，而且它还包括大量的艺术文化内容。陈宗海则认为，景观文化由景观的形、意、背景文化及阅读文化四部分构成。林辉等人则将景观文化进行了广义与狭义之分，"广义的景观文化指人类在营建景观的实践过程中所获得的物质、精神的生产能力和创造的物质、精神财富的总和。狭义的景观文化即为物质景观文化"。❶

但上述所有解释似乎都不全面。主要表现在两个方面：第一，这些解释均未将景观中的自然景观与人文景观区别开来，故在解读中不免有些笼统，尽管自然景观不是人文景观，但并不等于自然景观没有景观文化、意义。事实上，不同的文化背景，对自然景观的观感与理解是各不相同的。自然景观对人的视野的触动、心绪与情感的影响会根据人的心情、经历与精神状态而定，而人文景观对人的视野的触动与心绪情感的影响，是根据人的文化背景、知识结构、人生阅历而定的。第二，所有对景观文化的解读均未将景观文化中的民族性格、审美心态、行为习惯等诸多因素纳入其中，从现实的景观文化现象来看这不能不说是一大不足。

（二）景观文化的内涵

要真正把握景观文化的内涵，必须真正读懂景观一词。从艺术哲学的角度来分析理解景观可能会更具普遍性。丹纳在《艺术哲学》中认为，艺术品的产生取决于"时代精神和周围的风俗"，认识艺术作品需要认识"作品产生的环境"，首先要考察产生作品的种族，即要从艺术品产生的时代、作者的特点及欣赏艺术的人三个方面对艺术展开研究。景观也应如此。从艺术哲学角度来分辨景观，需要将这一词语分开来理解。首先是"景"，其次是"观"。在两者中，景，是风景、景致，有名词

---

❶ 林辉，荣侠，陈晓刚.景观文化与文化景观[J].安徽农业科学,2012,40(03):1618-1620+1774.

特性，是客体、实体；观，是观看，有动词特性，是欣赏观看的人因"观"而产生的一种视觉感受，包括思想观念的、情感的、审美的、想象的等诸多方面，是具有思想情感的主观体验，具有主体性的特征，与"景"的实在性相比，影响人看景观的情感、观念、思想，是"看不见""摸不着"的，因此是虚体。

在景观文化中，将景与观分开进行分析，不仅有助于我们全面把握与了解景观文化，而且更符合景观文化本身的含义。正如前面所论述的，"文化"与"自然"是相对应的关系，作为文化重要载体的人，虽然仍属于自然的一部分，却是从自然界中进化分离出来的。将景与观分开理解也更有利于人们切实了解把握景观对人产生的影响。面对同样的实体、客体的"景"，由于"观"者——人的文化背景不同、人生阅历不同、社会地位不同、心理状态不同，这种景观对欣赏者产生的心理冲击、情绪感受、思想影响会大不一样。例如，同样一条两侧长满苍松翠柏的通往烈士陵园的道路景观，深受中国传统文化影响的人，其心情会由此而肃然起敬，心理就可能会从世俗转入神圣，由社会现实走进革命历史；而从未受过中国松柏崇拜影响的人，看到这样的景观，产生的印象大约只是"这儿风景真好"；又如，同样是大雁排行从天上飞过、锦鲤欢跃于碧波方塘的景观，多数人会感喟自然季节的变化，园林生态景观的美丽，但对于那种沉溺于美食的饕餮者来说，见此景观，他想到的会是：它们在火锅里是什么味道呢？表1-1反映的是美国风景评价各学派对景观的不同认识及各自的基本特点。

表1-1 美国风景评价各学派特点分析和比较 ❶

各学派比较点	专家学派	心理物理学派	认知学派	经验学派
对风景价值的认识	风景价值在于其形式美或生态学意义	风景价值是主客观双方共同作用下而产生的	风景价值在于其对人的生存、进化的意义	风景价值在于它对人（个体、群体）的历史、背景的反映
人的地位	风景作为独立于人的客体而存在，人只是风景的欣赏者	把人的普遍审美观作为风景价值衡量标准	从人的生存需要出发，解释风景	强调人（个体或群体）对风景的作用

❶ 林辉,荣侠,陈晓刚.景观文化与文化景观[1].安徽农业科学,2012,40(03):1618-1620+1774.

各学派比较点	专家学派	心理物理学派	认知学派	经验学派
对客观风景的把握	从"基本元素"（线、形、色、质）分析风景	从"风景成分"（植被、山体等）分析风景	用"维量"（复杂性、神秘性等）把握风景	把风景作为人或团体的一部分，整体把握

从人文的视野来理解景观文化，我们当然不能赞成美国风景评价学派中的专家学派，他们把风景景观的价值等同于它的形式美或生态学意义。正如前面所说，文化是与自然相对应的，景观文化当然也是与完全的自然风景相对应的，如果排除了人（无论是个体还是集体），那么再美的自然景观，也只能是联合国世界自然遗产而非世界文化遗产，也就与文化相关不大。当然，我们也承认自然风景存在的形式美与生态学意义，但这种意义如果要与景观文化相关，就必须与人发生关系。因为，从根本上来说，无论是广义还是狭义的文化，都与人的创造相关。

谈到景观文化，不能不提到人工构筑物。而人工构筑物无论优劣好坏，都与人的设计、制作、建设有着密切联系。人是有情感的、有审美心理和审美取向的，更是有思想文化价值取向的。人在进行劳作、创造和改变世界时，有一个最大的特点，就是他总是按照自己所喜欢的、认为正确的和美的来创造劳动对象，人的设计、制作、建设受自身的设计建设思想、审美心理和审美取向的支配。因此，从某种意义上来说，人工环境是人的本质力量的对象化，城市景观是城市建设者城市建设思想的物化形态。于是，作为人工构筑物的景（它常会与自然环境构成一个对应整体），就自然而然地融入了作为主体——人的"观"——思想观念、情感心绪、审美心理与审美取向在其中了。如果没有这个"观"的文化内涵，人工构筑物就失去了景的文化意义，它的设计、制作与建设者就失去了文化自我，作为一个民族，自然也就失去了自立于世界民族之林的文化能力。

（三）景观文化与文化景观

1.景观文化与文化景观的异同

景观文化与文化景观之间的异同主要体现在以下两个方面。

（1）构成的异同

景观文化有着更多的景观的社会化、人化的属性，由直接作用于人类大脑思维的虚体非物质文化和作用于人类视觉感知的景观实体的物质文化组成。非物质文化包括景观营建法式和规章制度、景观的社会意识和园冶理念等，它们往往是人参与实践景观的相关规范、价值观念及意识形态。从时间上看，不同时代的人们在营建景观时有各自独特的理解方式。至于景观的社会属性，则是由若干社会文化心理结构组成，如中国传统文化中的内向性、尚祖制、中庸的思辨方式等。

从构成的角度上看，文化景观可以狭义地理解为构成景观文化的非物质部分。按照地理学对于景观概念的划分，可以用"景观——文化景观——景观文化"来表示它们之间的关系。景观包括毫无人性的自然景观和人化过的文化景观，而景观文化也只能从有过人化痕迹的文化景观中抽象地提炼出来。当然，在现实生活实践中，自然景观和文化景观经常一起出现，很难区分开来。

（2）特征的异同

景观文化的特征可以归结为七种：地域性、独立性、稳定性、包容性、滞后性、积累性、传承性；文化景观的特征则归结为五种：地域性、独立性、包容性、积累性、传承性。两者相比而言，文化景观缺少稳定性和滞后性的特征。先从两者之间相同的特征说起，即地域性、独立性、包容性、积累性、传承性。

① 地域性。一个地区的民众在特定的生态环境中共同生活，形成了与其他地区有差异的文化，这些差异文化形成了景观文化的地域性差异。地理环境影响地质构造乃至小气候的变化，从而间接影响人们的社会观念、思维方式等，这些差异性文化被人作用在自然景观上以后，即形成了文化景观的地域特性。

② 独立性。随着时间的推移，自然景观逐步积累，形式和观念渐趋成熟，形成一个景观文化体系之后，该种景观文化就是一个完整的系统，具有一定的独立性，而作为这个完整体系的物质基础，文化景观同样也在坚守它的独立性。

③ 包容性。包容性包含两方面的含义：一是指各地域、各民族的景观文化之间相互交流，吸收和融合；二是指各种其他艺术文化与景观文化之间相互借鉴，这些互相糅合、重组后的地域文化沉积在自然景观上，赋予文化景观以包容性。

④积累性。马克思认为"劳动的对象是人类生活的对象化；人不仅像在意识中那样理智地复现自己，而且是能动地、现实地复现自己，从而在他所创造的世界中直观自身"❶。景观文化也具有同样的属性，是随着时间的推移逐渐积累而成的，随着经济发展、物质产品的丰富，其内容不断得以充实，景观文化共同体通过其载体即文化景观来实现，所以景观文化和文化景观同时具有积累性。

⑤传承性。无论是何种景观文化或文化景观，在不同的时代经历了各种不同的历史变迁，但是人们都可以从中找出某些前后关联的脉络，各个变化时段顺次之间

❶　潘谷西.中国建筑史[M].北京：中国建筑工业出版社，2001：212-218.

总是有各种关联，它们不会出现完全脱节，景观文化以文化景观作为现实寄存体，从物质的角度保证了两者一并具有传承性。

景观文化与文化景观没有同步的特征，是因为景观文化的滞后性、稳定性与文化景观的不稳定性存在矛盾。文化景观的不稳定性是因为其作为客观实体，容易受外界的干扰而产生较大形态的变化，如地质灾害、火山爆发、地震等，随着人类科学技术、生产工具水平的提高，人类改变世界的能力越来越强，也能轻而易举地改变文化景观的组成成分、外观面貌，从而使文化景观丧失稳定性，尽管这种外力的改变有时会是积极的。相反，景观文化由于其长久的积累性、延续性，即使在受到很大外界干扰的情况下，依旧凭其长期的滞后性而保持文化不变质，尽管有时候这种保守也会留下一些糟粕。

2.景观文化与文化景观的内在关联

事物的普遍联系和永恒发展是马克思主义唯物辩证法的两个总特征。任何事物都是存在于与其他事物的普遍联系之中的，也只有处于联系之中的事物才可能永恒发展。

（1）景观文化与文化景观的本质关联

景观文化与文化景观的本质关联在于可持续发展，一方面，要从人的角度出发，以人为本，同时尊重环境，既要防止过分强调所谓原生态的物本主义，也要防止过分服从人的经济利益需求，进行一些超越景观文化与文化景观自身更替循环的极限行为；另一方面，要把景观文化与文化景观视作一个不断发展的开放理论体系，因为世界这个大环境在不断变化，特别是目前的信息时代，各种新材料、新技术、新思潮不断涌现，这就要求对于景观文化与文化景观关系的把握要有敏锐的时代感，适时作出新的判断，以可持续发展的眼光不断完善丰富两者的内涵。

（2）景观文化与文化景观的发展关联

自人类诞生，景观文化和文化景观也如同孪生兄弟一般来到这个世界。但是在各自的发展和演化过程中，两者的步伐明显不一致。作为看得见、摸得着的文化景观，其在很大程度上体现了物质性的构成。在人类进化、发展的进程中，由于人的科学技术、宗教信仰、意识形态等不断变化发展，主观能动地改造世界的能力越来越强，而主要以物质文化实体存在的文化景观首当其冲。人类基于生理需求的变革会对文化景观产生影响，如中国新石器时代，原始人的聚落景观以氏族公社的一个较大型榫卯结构的茅草覆盖的房屋为中心，四周散落着一些较小的公社建筑；进入夏商周奴隶社会时期，随着生产技术的提高，人类的聚落景观发生了很大的变化，出现了夯土高台建筑、土石结构的房屋，适于生存的大的原始聚落演化成为奴隶主的统治范围，即城市。这就说明，文化景观由于其物化的属性具有很强的可塑性和不稳定性，但是景观文化是千百年沉淀下来的文化底蕴、历史文脉，远远没有其外在形式（文化景观）变革得快。例如，尽管从中国原始社会过渡到奴隶制社会，乃至今日，各种景观的外表变得各具特色，但是其具有的文化向心性一直在发挥作用，原始人选择的理想生存环境、理想风水环境模式等，如今或为科学或为民俗，继续存在并影响着后来的人们，单单依靠人为的物质力量是很难从根本上影响文化的。在历史的发展进程中，景观文化和文化景观的不一致性即根源于此。

（3）景观文化与文化景观的共生关联

地理学意义上的原始地球环境中的地质地貌就已经具备了成为景观的基本元素，却尚非景观。因为从人文的角度来看，所谓"景观"，是"景"与"观"的结合，是人的视觉对象物，所以并不是纯客观的。景观在本质上含有主客观统一的意义，即审美对象与审美主体结合起来，才构成完整的景观意义。所以，只有当地球出现了人以后，人通过视觉感知将"景"人为地转化为"观"，这才是完整意义上的景观。人类随着生产技术的不断提高，必然引起精神领域上层建筑的变化。人类不断按照自己的生存需求、精神需求去改造自然环境、生存环境。在这个过程中，人类文明被不断注入这些"毫无人性"的原始地貌、物质实体，使它们经历"人化"，成为文化景观；反过来，人类长期不断地实践遗留下来人化的痕迹，即成为沉淀下来的景观文化，又不断通过自身沉积的文化底蕴去影响、感化后来的人，使人类逐步由原始的自然人进化为文化人，而自身接受了或者说有能力认识这些文化的人，才有可能主观、能动地到文化景观中提纯文化的因素。这就说明，"人"的出现是首要的，从文化景观到景观文化，人的因素始终贯穿其中。虽然人的主体意识感知到文化景观和景观文化有先后之分，但是在不以人的意志为转移的客观事实面前，景观文化和文化景观的确是一对孪生兄弟。

（4）景观文化与文化景观的互转关联

在一定条件下，文化景观与景观文化可以相互转换。基于两者客观存在的同步性，两者完全具备文化发生学关系上的互转可能，而人的存在，正是保障这个可能发生的根本因素。因为无论对于文化景观抑或景观文化的界定，首先都要由人这个客体，通过自己的感知系统去实践、认知，而后才能作出评价。一个典型的例子就是所谓"场所精神"这种建筑现象，其在某种意义上是指人记忆空间里的东西在现实空间的物体化，从而引起人对一个小范围区域空间的情感共鸣，中国有句话叫"触景生情"，即是如此，而产生情感共鸣这种现象本身，又可以当作一种现实空间的物体对于人的记忆空间化。在现实生活中，景观文化和文化景观经常是作为一个综合体出现的，譬如有诗人在泰山旅游，当来到历代文人墨客留下笔迹的石碑前，面对这个文化景观，基于文学的共识会使这位诗人感慨万千，让诗人触景生情的是石碑景观的文化内涵，而这种实实在在发生着的触景生情的景观本身，又是一道文化景观，而那块历史久远的石碑却成为诗人记忆里永远的景观文化。

第二节　景观的文化系统

一、景观与文化的联系

（一）景观的文化属性

景观是一种美学范畴的概念和认识。是外部环境的符号系统对于审美主体的精神进行的现象和符号投射。这种现象和符号系统通过感官，进入审美主体的心理活动和精神世界。这个审美的过程，必然和审美主体的文化属性有着必然的、紧密的联系。

对于景观的审美，和对于景观的营造，都是一种文化活动。景观也因此必然具有强烈的文化属性和特征，并受到审美主体的文化特性的影响。因此，景观是一种文化的关于环境美学的文化子系统。与主体文化之间存在着必然的关联性。

（二）景观的文化内涵

文化是景观的神韵，景观则是文化的外在物质表现形式，它是自然、历史、政治、经济等多种因素综合作用下形成和发展的产物。景观不仅可以反映出特定历史时期人们的经济观念，还可以反映出整个历史发展过程中伦理观念与美学观念的发展变迁，深深地烙上了时代的烙印。实际上，景观是一种围绕人的工作、学习、生活等艺术化了的空间景象，并通过多种方式实现文化表达，如空间形态、环境形象等，它通过人、建筑、环境的综合空间来感染各类人群，因此，景观是文化美与艺术美的综合体现。虽然景观的文化内涵客观存在，但其文化意义则是由主观感知来实现的。由于时代不同，人们的审美观念、感知、信念、认知不同，所以景观体现出的文化意义也不尽相同。这也正说明了景观的文化内涵、人、文化三者的密不可分。

（三）东西方古典景观的差异和相应的文化背景

东西方的古典景观体系，都可以分自然景观和人为景观。由于自然景观受到地理位置和气候的决定性影响，在此不做过多的对比和强调，而是从人为景观的角度进行一些比较。古典文化中的人为景观的核心、主体和典型性代表，当属古典园林。

园林的实质，终究是一种对外部的生存环境的期望，并对这种期望加以技术的实现。这种期望，主要是一种精神化的需求，一种以审美为基础的精神的需求的物化表现。这种开放式或者半开放的外部环境为主的环境系统，与封闭的半封闭的以内部空间和环境为主的建筑环境系统相比，并不强调现实的技术功能，如保温、储存等技术要求。这使得园林从开始出现，就具备强烈的、纯粹的艺术和精神化的倾向。

因此，东西方各自的哲学、美学和艺术观的差别，注定会影响并造就形成各自园林系统不同的审美和艺术倾向。西方的文化，一般认为源于埃及，随后的继承者希腊和罗马，亦在地中海海岸。地中海的气候、环境和动植物资源，以及农业等基础，是形成这一文化板块特点和性格及文化精神的重要的基础条件。在中国，这句话叫作"一方水土养一方人"。也就是由于地缘地理板块的物质基础条件的差异，导致文化的发展走向的部分差异。但有时这种差异所形成的发展的差异，却是天差地别的。

西方的早期宗教比较发达。这种影响对于西方的早期哲学，尤其是社会价值体系和美学的形成与发展，产生了重要影响。对于建筑而言，石质的、永固型的建筑，被大量地用于宗教建筑，以及公共建筑和贵族建筑。这和宗教为主题的文化追求永恒的价值倾向密不可分。事实上，地中海沿岸的地理条件，具备很多砂岩和大理石等易于开采，石材容易加工，也便于石质建筑体系的形成。

西方早期园林的形成和发展，和地中海气候与地貌、物产密不可分。同样，这种园林体系也受到早期宗教价值的影响。

西方的石质建筑，用很多小尺度的材料堆叠巨大体量的建筑，必然起源于简单的几何学。同时，源于尼罗河等西方文明早期源头的几何学，直接源于早期地中海周围尤其是尼罗河泛滥等引起的土地测绘勘界问题。这种早期的现实需求，大大促进了几何学的发展，并在建筑领域内成为重要的技术手段和审美主题。这种几何特征明显的审美，与几何特征明确的建筑之间，其审美和精神价值必然会趋于一致。

几何对于西方文明的影响，可以说是极其深远的。几何需要逻辑，逻辑和哲学的结合，产生了科学的母体。以希腊为代表的西方文明，在两千多年前，孕育了原始的科学。同时代的东周，哲学也同样发达，文化光辉灿烂，但是逻辑的缺失，最终导致以中国为中心的东方文化不能产生科学，并将哲学导向玄学，成为一个以经验主义为主的技术大国，而科学和知识体系迟迟不能发展。

西方在早期宗教发达的同时，也产生了早期科学。这种精神信仰的外部支撑，以及获得思考的力量的人类，充分产生对人的个体的价值认同，对人的审美及对人类自身的自信。这种自信也表现在对建筑和园林的人为存在的痕迹的强调。摆脱对自然的模仿，开拓新的审美领域，就是这种精神价值体系的一个主要表现，并成为一种审美的传统和习惯。

当然，这也使得西方的早期园林失去了一个重要的自然式审美的范畴和方式。这种缺憾，直到近现代才有了较大的弥补和发展。直至今日，在自然式的园林领域，依然不能达到以中国和日本为代表的山水园林的艺术水准和精神内涵的范畴。

而以中国为代表的东方园林，源于早期的中国审美和精神价值体系。当然，这也受到中国等东方国家河网密布、平原众多、山峦起伏、地貌复杂、植被种类丰富等自然条件的影响和启蒙。东方的自然山水带来了丰富的空间层次、虚实变换，以及神秘、朦胧。在中国早期的零散并无体系的神话的影响下，人们对山水之美的发现和认知，使得中国的早期园林摆脱了种植业的影响和束缚，追求具有神秘色彩的自然山水形式的园林。模仿自然山水，成为造园的主要形式和方式。

事实上，山和水，本身就构成了一个丰富、复杂、多层次、多视角的审美对象和审美系统。水，神秘、安静，并映现周围的事物，波光粼粼，变幻莫测。安静舒缓的水，是能够使人安静的心理符号，同时容易唤醒人的沉思和回忆。山，拥有复杂但是有机的轮廓和形体、植被风貌。四季色彩变幻，与水构成了一个极富欣赏性的审美系统，相映成趣，互相衬托。

这种审美系统，也正符合东方的好静、天人合一、物我两忘的文化习惯和精神价值体系。这种文化和价值体系，又是中国早期哲学和文化所造就的。庄子的思想体系及礼教所确立的人伦体系乃至艺术审美价值标准，共同作用并塑造了中国文化的精神内核。这种影响在今日依然广泛而深远。礼、雅、静、玄学，成为中国文化重要的审美内容，这种内容与仙人崇拜，共同进入以山水为主要形式的中国园林，成为中国文化精神价值和审美的重要形式及领域。

语言和文字，是人类重要的思维载体和思维方式。汉字作为象形文字，在抽象性方面发展缓慢。同时，由于文字载体的缘故，这种语言系统的结构语法也受到了极大的限制。西方的文字，早期的载体有泥版、大型草叶、羊皮、麻布等。而中国的文字早期载体以甲骨、金石、竹简等为主。由于受到这些载体和书写方法的限制，早期汉语极其简约，基本上没有结构性助词和逻辑助词。又因为土木建筑形成的技术便捷性，几何不够发达，逻辑的需求不高，这就导致逻辑在中国古典文化中迟迟不能形成。这种逻辑的缺失，最终使得中国古典哲学未能顺利地朝着科学化、系统化的方向发展，难以完成从直觉、经验到证明推理和系统化的转变，却进入某种玄学和经验主义的混沌系统。美学，作为审美的哲学，也相应地朝着先验、直觉、神秘的方向发展。并且由于礼教等世俗的人伦的强大约束，人类个体的意志和价值诉求是被深深压制的，这就使得知识分子和艺术朝着一种出世的态度和方向发展。这种出世的精神态度向自然之美寻求寄托，构成了以中国为代表的东方艺术的精神特质和路线。

从当下的研究来看，世界范围内，包括中国的知识分子，普遍认同中国古代绘画艺术领域以山水画的成就为最高。由此可见，山水是中国知识分子一个重要的精神家园。

如果我们把东西方两种园林体系从精神层面做进一步对比，事实上，我们完全可以把西方园林归入"入世"的人生观、世界观的哲学文化体系。与此相对的是，东方园林的背后，实质上是"出世"的人生观、世界观和哲学文化体系。这两种文化体系的差异，是两种不同文化的知识分子，以及艺术领域和艺术家们，对待人生和世界的价值差异，一种是对入世的积极与激情，一种是对入世的倦怠与逃避。由于哲学和美学的差异，还有语言的影响，这两种文化的艺术美学系统分别强调古典戏剧性和古典诗性。

山水画是东方的这种审美和艺术观的另一种呈现和表达。事实上，东方的园林和东方的山水画之间，经常存在着一种互相阐释，互相补充，互为图景，互为影响的同根性、同源性和同一性。只是在规模、尺度和细节上，以及动态、静态上，存在一些技术性的差别。

二、景观与人文的结合

景观，是人类的生活美学观的重要组成和外部领域。景观，终究是一种生活的美学观念的映射和需求。有什么样的人文，就有什么样的景观观念。很多建筑、活动等公共化的人造物和运动，也经常形成相应的人文景观。景观，总是自然而然地与人文发生着内在的联系，而这种景观又会反过来影响它所在的文化系统的人文。从本质上来说，它们是同一个文化系统社会结构的共同产物，景观更是人文中的一部分。

当下的景观设计，人文需求越来越高，其实是精神和审美的需求越来越高。不幸的是，我们看到的国内一些城市景观设计，其人文因素的表达和实现手段简单粗暴。简陋的历史文化符号拼凑、堆砌、庸俗化、口号化、泛文化化，是一种用文化反文化的商业和文化投机行为。实际上，审慎、简约的态度，用符号的符意代换构建诗性，用冲突和对立形成戏剧性等，才是人文的一种美学表达，也同时是精神发现和在场的方式。

人文景观设计涉及范围广泛。大到对自然环境中各物质要素进行的人为规划设计、保护利用和再创造，对人类社会文化物质载体的创造等；小到对构成景观元素内容的创造性设计和建造。人文景观设计建立在自然科学和人文科学的基础上，具有多学科性和应用性的特点，其任务是保护和利用、引导和控制自然景观资源，协调人与自然的和谐关系，引导人的视觉感受和文化取向，创造高品质的物质和精神环境。

景观设计按其涉及范围可以分为宏观、中观和微观三个层面，不同层面的人文景观设计所涉及的内容各有侧重。

（一）宏观景观设计

宏观景观设计侧重于在较大范围内依据景观设计的原则，对自然和人文资源进行合理的利用和创造性的规划设计，主要包括以下几方面的内容。

自然生态区景观规划设计是以生态学原理为基础，以优化区域生态系统整体功能为目标，以规划方法为手段，在对景观的生态分析、土地利用、自然保护控制引导和综合评价的基础上，构筑生态景观格局及空间结构。风景区景观设计是多学科专业相互融合的场地规划设计，以保护为出发点。在确保风景名胜资源的真实性和完整性不被破坏的基础上，提出了保护培育、开发利用和经营管理的原则，从而对具有观赏性、文化性或科学性的自然景物、人文景物进行规划设计，创造可供人们游览、休息或进行文化活动的场地。

城市设计主要侧重于设计城市物质空间与城市形态。协调整个城市或城市某个地段公共空间和建筑物之间的关系，以及建筑物与用地、交通等方面之间的关系。设计从城市形态、空间模式、环境质量等方面入手，着重研究城市的视觉景观与环境行为，并通过营建环节实现三维空间的意向设计和景观策划。城市设计属于多学科应用性的综合设计。涉及城市规划、建筑学、园林规划与设计、艺术心理学、环境心理学、环境美学及社会科学等相关的学科内容，它是社会文化、物质环境和人类行为的综合性设计。

（二）中观景观设计

中观景观设计主要以区域和城镇中的场地为对象，着重对该领域范围内环境系统的应用生态标准、审美标准等进行系统化的景观综合设计。

城市公园是城市园林绿地系统中的重要构成因素，多以绿地系统为主，以点的形式合理地分布在市区。设计从城市性质及规划构思出发，以城市公园的规划特性和历史发展为依据，结合地形、水体、道路、广场及建筑物的相关配套设施，创造出供群众游览休息、户外娱乐的城市场所。

城市广场是由建筑、场地、植物、公共艺术品等要素围合、限定而构成的公共活动空间。广场按类型可以划分为集合广场、文化休闲广场、交通广场、纪念性广场、集市贸易广场及市政广场等，其形式有规则与半规则、地面式与下沉式等。城市广场设计是在与周围环境、建筑物等相互协调的前提下，按照不同的主题和功能进行相应的设计，突出广场的功能性，使之具有感召力和凝聚力。

特色景观街区是以城市重要地段或敏感地段中的特色文化和传统内容为主体构成的景观空间。在一定时空领域内，城市地段景观街区体现出街区的审美特征，它是一个特色群体景观的概念，是为保护历史地段的整体环境、协调周围景观，在划定的建设控制街区范围内所做的设计。

主题公园设计是以主题为目标的景观设计，是运用一系列场景道具，演绎出主题内容，不仅包括各种人为塑造的游乐园设计，也包括各种以自然、人文资源为基础衍生的各种公园景观。

自然与人文保护区设计是国家或地区为了保护和恢复自然与人文环境资源进行的整体空间综合性设计。其目的在于保护、恢复或重建具有历史文化资源特征或生态特征的环境系统。

居住区景观设计旨在创造舒适、优美、健康的居住环境，赋予环境景观亲切怡人的艺术感召力。在保护和利用生态环境的基础上，通过借景、组景、分景、添景等多种手法，使居住区内外环境协调，并从平面和空间两方面入手，通过合理的用地配置、适宜的景观层次安排，达到公共空间与私密空间优化组合和居住区整体意境、风格和谐塑造的目的。

交通环境设计是景观设计的重要组成部分，设计应遵循安全性、生态性、可观赏性、可识别性、舒适性、便利性等原则。主要设计内容包括道路交通环境中的标识导引系统、道路绿化系统、交通服务系统、交通照明系统、地标和公共艺术系统等。

（三）微观景观设计

微观景观设计是构成宏观景观设计和中观景观设计的基础，也是景观形态的基本表现形式。设计内容以景观构成要素为核心，涉及景观物质空间和形态的诸多方面。

植物是地域性自然景观的指示性元素，也是反映自然景观类型的最具代表性的元素之一。植物景观设计集中体现在植物配植的形式美规律，植物所具有的人格化特征，以及植物构成的园林景观的空间结构。设计充分发挥植物本身形态、线条、色彩等自然因素的特征，塑造有生命活力的植物景观。设计无论在生态效益、美化环境，还是在景观意境审美中都起着非常重要的作用。

水体景观分为自然水景和人工水景。自然水景指江河、湖泊、瀑布、溪流、涌泉等自然形成的水域；人工水景是设计研究的主要内容，既要师法自然，又要不断创新，充分利用水的特性，创造丰富的视觉效果。人工水景在保证用地性质、水域资源及景观相融的前提下利用水资源的强度（不超过水域的承载力），形成"喷水""跌水""流水""池水"等不同形态，从而保证人工和自然系统的生态连续性。

公共艺术设计是在公共场所设置的具有文化性和美感因素的艺术作品。它追求作品在环境中的公共性、社会性和艺术性的统一，通过媒介的物质状态来表达公共性的文化内涵，丰富环境的艺术内容及形式，提升环境品质。因此，公共艺术是人文景观中最具创造性和生命力的表现形式。

景观设施是指在公共环境或社区中为人的行为提供方便，并长期设置供人们使用的各种公用服务设施系统，以及相应的识别系统。它是社会统一规划和满足人们多项功能需要的社会综合服务性公共财产。景观设施作为公共的环境产品，主要是为人们的日常生活提供方便与视觉美感。景观设施设计首先要满足功能要求，同时要结合形式美的法则，适应景观环境的整体要求。

创造力是人类发展的原动力。景观艺术创作的本质在于创新，体现人类对自我价值的认识。通过创造与设计调整人与自然的关系，寻求人与自然的融合点。景观设计的创造力表现在对时代进步和民族精神的关注，景观设计的思维、模式和创新方法强调挖掘本民族的文化传统，致力于创新发展的理念，构建中国特色的人文景观。现代景观设计和建设应引入文化理念，突出景观创作中的文化品质和文化精神，创造在视觉感受力上的多元文化样式，将文化物化在具体景观空间和形态之中。

中国在现代化建设的进程中，面临着前所未有的景观环境建设的机遇，景观环境创造的价值和意义正逐渐被人们认同，创造宜人的人居环境成为社会发展、人类进步的标志。景观设计师有责任通过景观创作唤醒和培育公众的人文意识，为人类创造更加和谐、美好的生存环境。

第三节　景观文化的结构与分类

一、景观文化的结构

与普通意义上的文化相比，景观文化的结构要特殊一些，可以分为物质层、艺术层和哲学层三个方面。

物质层是景观文化的表层，构成了景观文化发挥各种功能的基础，是人体感官可以直接感受到的显性文化，其受时空条件的限制。这就决定了在一定的地理环境下，特定的地域内，人们可以获取或者可以使用的景观物质是受限制的。地质条件、气候环境的不同造成了在景观要素选择上的不同；同时，人们对景观的基本需求也会有所不同，北方挡严寒，南方防酷暑等，从而要求人们选择各自适宜的景观要素。物质层是形成景观文化地域特色的一个基本因素。再者，物质层还受科学技术的限制。随着时代的发展，景观材料、景观技术在不断地更新，景观要素形式多样化、科学化。景观材料的多样化，植物新品种的培育，玻璃、钢材、阳光板的应用等都标志着景观文化的时代性。景观文化的物质形态在很大程度上受环境和技术的影响，地理气候比较稳定，而科学技术则是变化非常快，因此，物质层也是景观文化的活跃层面。

哲学层是景观文化的深层内容，是社会观念在景观中的反映，是对景观使用者的高层次的满足。它具有很强的独立性和延续性，是景观文化的稳定层面。

艺术层是景观文化中最关键的内容，通过结构、形式、制度等使哲学理念由物质形态表现出来，物质和哲学在该层面上得以结合。如北京的紫禁城，为了体现皇权统率一切的封建理念，运用围墙、屋宇左右轴对称，层层围合递进的空间关系予以表达。传统的四合院，"主座朝南、两厢对称"，以一进一院的系列，各自沿南北、东西方向排布的布局方式，要求体现的是一种中国传统文化中的"天——地——人"的礼制秩序。

综上所述，物质是景观文化的外貌，景观文化功能得以发挥的基础，其体现、继承和发展离不开植物、水、砖、石等景观要素；哲学层是景观文化的灵魂，统率艺术形式，把握物质形态；而艺术层为哲学、观念的体现与景观社会功能的发挥提供了保证。

二、景观文化的分类

景观文化包含丰富的内涵，涉及物质、技术、制度、价值观念、思维方式等多个层面；同时景观文化受多种因素的影响，如政治、经济、社会形态、科学等；再者，可以从多个方面对景观文化进行划分。

（一）从时间上划分

从时间上进行划分，景观文化可以分为传统景观文化和现代景观文化。

1.传统景观文化

传统景观文化是指历史上形成的景观文化。一般来说，传统景观文化已形成一个阶段性的成熟体系，从物质、技术到价值观念与评判标准等都比较完善，有自己独特的形态特征和哲学理念。

2.现代景观文化

现代景观文化是指在当代形成的景观文化，是与传统景观文化相对而言的。它是在传统景观文化的基础上发展起来的，处于当代这个时段上的景观文化，在技术、形态和观念上与传统景观文化都会有很大的区别。同时，现代景观文化由于科技发展迅速，观念转变太快，自身还没有形成一个比较完善的阶段性成熟体系。

把景观文化从时间上划分为传统与现代两种类别是一个比较笼统的说法。首先，在时间上，传统与现代是一个含糊的概念。其次，从内容上来说存在多个标准，我们可以从景观文化结构的三个层面来划分。从物质技术的角度来说，运用和反映了现代的材料和技术的景观文化称为现代景观文化，反之就是传统景观文化。从艺术层面来说，运用传统的景观符号、形式和制度的景观文化为传统景观文化，反之就是现代景观文化。从哲学层面来说，反映了现代的社会意识和观念的景观文化为现代景观文化，反之就是传统景观文化。前两个层面的划分是比较表面的、易区分的，而哲学层面则相对难判断一些，主要是体会景观所反映的社会意识和观念是现代的内容还是古代的内容。而且在现实生活中，景观文化的这三个层面是融于景物一身无法分离的。

虽然传统与现代之间在时间上模糊，在景观文化内容上交错叠加，但是从总体态势上来说，还是有着很大区别的。而且在对当前景观文化建设活动中出现的各种现象进行分析时，此种划分还是很有必要的。

（二）从空间上划分

当在时间轴上保持一致，从空间范围划分时，我们可以根据范围从大到小把它分为时代景观文化、地域景观文化、民族景观文化（所谓的传统景观文化）、都市景观文脉（城市景观意象、都市景观文化）、场所精神等。

（1）时代景观文化指在特定的时代，人类社会的物质技术、社会观念和思维方式必定会有一定的共性，这种共性超越国界、民族和地域，具有普遍性，反映在景观文化上就称为时代景观文化。它在空间范围上遍及整个人化自然。（2）地域景观文化与民族景观文化指在一定的地域范围内的景观文化由于自然环境条件的一致或思维、习俗的相似而呈现出一种内聚性，与周边地域的景观文化有所区别，从而体现出某种特性。相似的，一个民族具有某些共同的社会价值观念、思维方式或宗教信仰等，它必然会在景观文化上有所反映，从而形成民族景观文化。地域景观文化与民族景观文化在空间上是相互交融的，某种地域景观文化可能包含多种民族景观文化；一个民族景观文化域内或许有多样性的地域景观文化。（3）都市景观文脉是指城市景观整体上体现出来的景观文化。每个城市都有自身的历史，逐渐地沉积形成一个特定的城市景观的文化背景，称之为都市景观文脉。（4）当空间范围再进一步地缩小至某个具体的使用者可以直接感受的一个场所空间时,该空间内的景观存在与周边环境的某种特定联系,自身也会具有一些特定的历史和形态特征,从而形成场所精神的景观文化。

(三)从地位上划分

在同一时空下,根据各种景观文化在社会实践中所处的地位,或者说所发挥的作用、所占据的范围,可以把它分为主流景观文化与亚景观文化。除此之外,还有多种与之相应的称呼,如官方景观文化与民间景观、大传统与小传统等。然而此种种都不外乎是地位的主次、支配与被支配的区别,因此,还是以主流景观文化与亚景观文化来进行划分。

1.主流景观文化

主流景观文化指在一定时空范围内,处于优势地位的景观文化。它占据主导地位,向其他景观文化地域渗透和扩散。它的景观文化共同体数量占大多数,持续时间长,再生产容易。通常情况下,它是属于官方文化,为统治阶级所崇尚、控制、宣传与推行的景观文化,所以它在政治、经济、科技或文化交流等多方面往往都处于优势地位。

2.亚景观文化

亚景观文化是指处于劣势、被支配的地位,共同体数量不占大多数。它往往是与民间文化相对应的,处于官方统治比较薄弱的地方。通常情况下,它没有形成一个完整的体系制度,但是深植于民众的意识中,在潜意识里流传、发展。

主流景观文化与亚景观文化并不是截然分离的,它们之间有着千丝万缕的联系。空间上,它们交织在一起;时间上,它们的地位有可能相互转化;内容上,主流景观文化影响和改变着亚景观文化。同时,它也需要从亚景观文化中吸收养分。亚景观文化也并不是完全受主流景观文化的控制,它也有自身的独立性。同一时代,一个统一的地域文化空间中只有一个主流景观文化,而亚景观文化可能有多个。

(四)从社会基础来划分

任何一种文化都是有其自身的社会基础和体制背景的,景观文化也不例外。那么,从当前出发,以景观文化生存、发展的社会基础为标准,可以把它分为大众景观文化、乡土景观文化与边缘景观文化三种类型。

1.大众景观文化

大众景观文化是指在工业社会的现代都市中,以都市大众为消费对象,模式化、易复制、没有文化深度、按市场规律生产的景观文化。它是一种完全被商业机制驱动的当代意义上的大众消费文化。

2. 乡土景观文化

乡土景观文化是指在传统乡村社会基础上形成的景观文化，它的使用对象是以地缘、血缘为根基的文化共同体。

3. 边缘景观文化

由于市场的渗透、城市化的扩张，传统意义上的乡土社会正逐渐消逝，乡土景观文化也正处于向现代社会意义的大众景观文化转变。而在这个过程中，有一部分社会群体虽然处于现代都市中，却不完全具备都市人的社会观念和价值观念。那些离乡的农民，刚被城镇化的乡村社会群体，它们处于大众景观文化的影响之下，对乡土有着很深的依恋情结，他们营建和使用形成的景观文化处于大众景观文化和乡土景观文化之间，游离于两者的边缘，因此称之为边缘景观文化。

第二章　景观文化基础理论

第一节　可持续发展理论

可持续性是指系统发展过程中具备一种通过自身的改革不断保持和完善其组织机制的能力。1987 年，世界环境与发展委员会在《我们共同的未来》一书中把可持续发展定义为"既满足当代人需要，又不对后代的满足及其需要的能力构成危害的发展"，包括经济、社会、文化、生态环境等方面的可持续。1995 年，联合国教科文组织、环境规划署和世界旅游组织等在西班牙加纳利群岛召开"可持续旅游发展世界会议"，通过《可持续旅游发展宪章》，并同时制定《可持续旅游发展行动计划》，规定"充分发挥旅游保护文化遗产的潜力"是今后的工作之一。2002 年，世界遗产委员会为纪念《世界遗产公约》30 周年而通过的《世界遗产布达佩斯宣言》明确指出："努力在保护、可持续性和发展之间寻求适当而合理的平衡，通过适当的工作使世界遗产资源得到保护，为促进社会经济发展和提高社区生活质量作出贡献。"自 20 世纪 90 年代初开始，旅游学界提出了很多关于可持续旅游发展的争论和主张，但作为一种可实践的和可实现的旅游目标，可持续发展概念的运用仍然是不成熟的。国内对文化遗产可持续发展的研究涉及了文化遗产、世界遗产、非物质文化遗产、遗产旅游等概念，并未对文化遗产的可持续发展进行直接定义。

一、景观文化可持续发展的内涵

对于景观文化而言，其可持续发展不仅是指物质形态的不断发展和增加，毕竟地球上的空间是有限的，景观文化可持续发展注重的是以人类自身需求为基础的景观文化意识层面上的结构协调和内涵的丰富和发展。景观文化可持续性的内涵包括对外部环境的可持续性占有和景观文化内部的稳定、成熟与发展两个方面。景观文化作为联结主体的人与客体的景物中间媒介，它又包括物质文化层面的持续和景观文化共同体的持续，或者可称为时间、空间的占有和生活方式及社会关系的持续。物质文化层面的持续是景观文化持续的基础，而生活方式和社会关系的持续是景观文化持续的目的和意义。此外，景观文化系统是一个开放的系统，处于复杂的社会大系统中，只有不停地从其他学科、其他文化系统中吸收负熵才能得以维持。社会总是不断地往前发展，人们的需求总是不断地改变，景观文化系统中的许多内容就会逐渐无法适应社会，被人们所抛弃。因此，我们只有持续的从环境中引入新的适宜社会需求的成分，改变系统的结构使之更适应环境，只有如此，系统才能得以持续发展。

景观文化可持续的这两个层面是相辅相成的，第一个层面是目的和基础，第二个层面是手段和方法。某种景观文化如果没有第二个层面的变化，也就不可能对外部环境持续性占有。因为科技总在进步，社会总在发展，社会关系总会发生改变，生活方式和社会观念总在不断地变化，所以，无论何种景观文化，无论它在某个时候有多么优秀，如果它一成不变，它都会被其他景观文化所侵蚀和淘汰。相反，如果某种景观文化只是讲究内部结构的协调与发展，没有景观物质基础，没有景观的使用者和景观文化的受众，那它的持续就没有任何意义。

二、景观文化可持续发展的原则

（一）生态原则

物质层面是景观文化的基础，景观文化要想可持续发展就必须保证景观文化的物质要素符合生态原则。从大的方面来说，就是根据生态原则对景观进行生态规划；对特定的场地来说，就是具体的植物配置、地形设计等自身之间及它们与场所之间的关系符合生态原则。

（二）多样性原则

当前景观文化有一种均质化或者可称之为趋同化的趋势。某一种景观文化或其中的某些重要特性侵入各个景观文化地域，成为一种所谓世界性的景观文化，使得各种各具特色的地域或民族景观文化逐渐消失，造成民族没有特色，城市没有文脉、场所没有特性。如此，也就谈不上景观文化的可持续了。因此，我们要保持景观文化的异质化，或可称为多元化，就如生态学上的物种多样化一样。多样性是景观文化实现可持续的基础，它包括景观文化种类的多样性与景观文化要素的多样性两个方面。种类的多样性是指要保持景观文化的地域性、民族特色；要素多样性是指景观文化内部的景观要素、景观符号、布局手法、景观理念等的多种多样。

（三）人本位原则

景观文化可持续的最终目的就是为人服务，使人自身得到解放和全面发展，因此，它必须以人为中心，坚持人本位的原则。人本位原则的内在含义是指：我们不是为了景观文化自身的可持续而可持续，不是把传统景观文化的所有内容加以继承，而是应该从当代情况下人的角度出发，根据人的基本需求、审美方式、价值观念为基础，对传统景观文化的内容予以扬弃。

（四）开放原则

景观文化作为一个系统要得以可持续，就必须实现与环境之间的交流。它需要从环境中引进负熵，从其他文化领域、异种景观文化中吸收各种物质和信息，不停地根据社会的进步、人们需求来调节自身的结构与内容。

第二节　非物质文化遗产理论

非物质文化遗产，是一种人类通过口传心授，世代相传的无形的、活态流变的文化遗产。它深藏于民族民间，是一个民族古老的生命记忆和活态的文化基因，体现着一个民族的智慧和精神。保护、利用好非物质文化遗产，对于民族精神的凝聚和延续，保证世界文化的多样性，具有不可估量的作用。

一、非物质文化遗产概念

非物质文化遗产是一个比较新的概念，其较为频繁的进入人们的视野是在 2001 年我国积极参与向联合国申报第一批人类口头和非物质遗产代表作项目时。关于这一概念的产生与发展，大致经历了"无形文化财产"——"人类口头和非物质遗产"——"非物质文化遗产"三个阶段。其来源最早可以追溯至 1950 年日本颁布的《文化财产保护法》，涉及无形文化财产（包括演剧、音乐、工艺技术等）、民俗文化财产（包括有关衣食住行、生产、信仰、年中节庆等风俗习惯，民俗艺能的无形民俗文化遗产和表现上述习惯与艺能的衣服、器具、房屋等物件的游行民俗文化遗产）等内容，第一次提出了无形文化财产的概念，与有形文化财产相对应。学术界普遍认为，无形文化财产的概念是非物质文化遗产概念的主要渊源之一，并且在内涵、外延上与非物质文化遗产概念基本相同。1982 年，联合国教科文组织内部设立非物质遗产部，自此非物质遗产的概念开始出现。1989 年 11 月，联合国教科文组织在巴黎通过了《保护民间创作建议案》。1997 年 11 月，联合国教科文组织第 29 届全体会议通过了《宣布人类口头和非物质遗产代表作申报书编写指南》。其中，人类口头和非物质遗产概念基本上等同于民间创作的概念。1998 年，联合国教科文组织执委会第 155 次会议上通过了《人类口头和非物质遗产代表作宣言实施规则》，明确指出人类口头和非物质遗产的概念出自《保护民间创作建议案》，其中将人类口头和非物质遗产定义为："来自某一文化社区的全部创作，这些创作以传统为依据、由某一群体和一些个体所表达并被认为是符合社区期望的作为其文化和社会特性的表达方式，准则和价值通过模仿或其他方式口头相传。它的形式包括语言、口头文学、音乐、舞蹈、游戏、竞技、神话、礼仪、风俗习惯、手工艺、建筑及其他艺术。"在这个定义中强调特定文化空间，强调空间内自发传承的生活知识、艺能与技能，以及社区共享的文化传统。2001 年，联合国教科文组织通过了《世界文化多样性宣言》，呼吁加强对非物质文化遗产的保护。2003 年 10 月 17 日，联合国教科文组织第 32 届大会通过了《保护非物质文化遗产公约》，是迄今为止联合国有关非物质文化遗产保护最重要的文件，也是对于非物质文化遗产定义较为权威的文件之一，得到了学术界的普遍认同。

根据《保护非物质文化遗产公约》的定义，非物质文化遗产是指："被各群体、团体、有时为个人视为其文化遗产的各种实践、表演、表现形式、知识、技能及其有关的工具、实物、工艺品和文化场所。各个群体和团体随着其所处环境，与自然界的相互关系和历史条件的变化，不断地被创造，使这种代代相传的非物质文化遗产得到创新，同时使他们自己具有一种认同感和历史感，从而促进了文化多样性和人类的创造力。"其所涉及的范围包括以下五个方面：① 口头传说和表达，包括作为非物质文化遗产媒介的语言；② 表演艺术；③ 社会风俗、礼仪、节庆；④ 有关自然界和宇宙的知识和实践；⑤ 传统的手工艺技能。

在我国，关于非物质文化遗产的最权威的定义来源于 2011 年 2 月 25 日第十一届全国人民代表大会常务委员会第十九次会议通过的《中华人民共和国非物质文化遗产法》。该法案明确指出，非物质文化遗产是指各族人民世代相传并视为其文化遗产组成部分的各种传统文化表现形式，以及与传统文化表现形式相关的实物和场所。非物质文化遗产包括：① 传统口头文学及作为其载体的语言；② 传统美术、书法、音乐、舞蹈、戏剧、曲艺和杂技；③ 传统技艺、医药和历法；④ 传统礼仪、节庆等民俗；⑤ 传统体育和游艺；⑥ 其他非物质文化遗产。这一定义与联合国教科文组织颁布的《保护非物质文化遗产公约》的定义有诸多相似之处，这也正反映出《中华人民共和国非物质文化遗产法》的定义吸收并采纳了国际上的先进理念，是中国实际与国际理念相结合的产物。

二、非物质文化遗产保护

世界上最早对非物质文化遗产进行保护的国家是日本，1950 年 5 月颁布的《文化财产保护法》以法律的形式规定了无形文化遗产的范畴。韩国在日本的影响下，于 1962 年 1 月出台了《文化财产保护法》，开始对非物质文化遗产进行保护。20 世纪 60 年代，法国和意大利也开始形成自己的保护理论和办法，对非物质文化遗产的保护工作作出了巨大贡献。从非物质文化遗产保护工作的发展历程来看，日韩和欧美国家处于理论研究和保护经验的先进行列。其在立法保护、机构设置、资金投入等方面均领先于世界上其他发展中国家。

　　我国政府在非物质文化遗产保护工作方面投入了大量的人力、物力和财力，取得了不错的效果。在立法方面，2003 年 11 月，组织起草了《中华人民共和国民族民间传统文化保护法（草案）》；2004 年 8 月，全国人大将草案名称改为《中华人民共和国非物质文化遗产保护法》，初步列入全国人大法律规划。2005 年 3 月 26 日，国务院办公厅颁发了《关于加强我国非物质文化遗产保护工作的意见》，明确指出了非物质文化遗产保护工作的重要性和紧迫性，保护工作的目标和指导方针，建立名录体系，逐步形成了具有中国特色的非物质文化遗产保护制度，建立了协调有效的工作机制。2005 年 12 月 22 日，国务院颁发了《关于加强文化遗产保护工作的通知》。2006 年 11 月 2 日，文化部出台了《国家级非物质文化遗产保护管理暂行办法》，于 2006 年 12 月 1 日起施行。2011 年 2 月 25 日，第十一届全国人民代表大会常务委员会第十九次会议审议通过了《中华人民共和国非物质文化遗产法》，并将于 2011 年 6 月 1 日起施行，这标志着我国第一次以国家法律的形式明确了非物质文化遗产的保护工作。

　　随着非物质文化遗产概念的不断普及，国内外学者对非物质文化遗产的保护研究也越来越深入，不同学者从不同的学科角度对非物质文化遗产的保护工作做了大量的研究。通过对现有文献的整理分类，我们发现其主要研究方向可以分为以下几类。

（一）博物馆、档案馆、图书馆在非物质文化遗产保护中的作用

　　博物馆、档案馆、图书馆等是采集、保存、整理、交流、传播文化的功能空间，通过对非物质文化遗产的收集与整理，以文献信息的方式进行保存，不仅可以达到抢救和保护非物质文化遗产的目的，还提供了保护和教育研究的场所，在非物质文化遗产的保护工作中，拥有自己独特的作用和地位。除此以外，博物馆、档案馆、图书馆等在提高对文化遗产的认识，促进对艺术鉴赏、科学成就和创新的了解；提供各种表演艺术的文化表现途径；促进不同文化之间和文化多样性的发展；在支持口头传统文化等方面也发挥着极其重要的作用。在实际操作过程中，图书馆应确立保护非物质文化遗产的职能，并通过多种措施来参与这种文化遗产的保护工作，如宣传、发展文献保存与服务体系，提供活动场所与组织服务，参与研究与调查工作等，具体做法包括：为专项遗产立档保存，确保有关资料的完整与安全并促进利用，档案资料的支持和确认，建立传承（人）档案，参与非物质文化遗产的研究，开展大普查工作、宣传与振兴非物质文化遗产等方面。

（二）非物质文化遗产保护的法律问题

非物质文化遗产的定义、范围、类型、保护目的、法律保护机制等，是建立非物质文化遗产法律体系所要明确的首要问题和基础理论，也关系着保护标准和水平及法律实施效果等实际问题。我国在非物质文化遗产保护方面的立法、执法建设相对落后，无法满足非物质文化遗产保护紧迫性的需要，因此有必要加强非物质文化遗产保护的法律建设。

（三）非物质文化遗产保护理论

对于非物质文化遗产保护的理论研究，不同学者从不同的视角，应用不同理论进行了阐述。刘志军从人类学的角度，对非物质文化遗产的保护进行了详细论述，他认为："文化功能的多层次性及文化的政治性决定了对非物质文化遗产进行人为保护的必要性，文化变迁的常态性使动态保护成为应有之义，信仰的社会功能则决定了民间信仰类文化遗产的历史地位和保护价值。在实践层面上，文化的整体性使生态性保护成为必然，且应兼顾小生态与大生态的保护。我国现有的保护举措缺乏大众参与，需要从理解与认同主客位观点差异的基础上，汲取'草根智慧'与'地方性知识'，激发非物质文化遗产承载社区的文化自觉，进行参与式保护。同时，应通过非物质文化遗产的第三方评定、设立濒危名录、改变保护拨款与认定级别严格挂钩等做法，防止'文化筛选'与'文化阶层化'，以保护我国文化的多样性"❶。还有学者指出，非物质文化遗产的保护应从其本身的文化空间入手，不仅保护遗产本身，还应保护其生存与发展的文化空间，而民俗文化空间则是非物质文化遗产保护的重中之重。此外，非物质文化遗产保护还应该重视基层社区的作用："首先，由于社区文化生态和社区人文背景的支撑，不仅有可能使遗产持久地'活'在民众的生活之中，而且在新的条件下，它还可能获得再生产的机会，亦即成为社区文化创造力的源泉。其次，不用花太多钱，只要其意义被社区居民理解或认同，马上就可以做起来。最后，实施基层社区的遗产项目保护，还可以促进社区乡土教育的发展，并有

---

❶ 刘志军.非物质文化遗产保护的人类学透视[J].浙江大学学报（人文社会科学版）,2009（5）:36-45.

利于探讨使民间智慧在社区内获得世代传承的新路径。"❶

随着现代影视技术的不断发展，民俗影视片无疑能全方位地建设一种"国家的形象历史档案"，与民俗志、地方志并存，相互补充，相得益彰，为全力抢救和保护非物质文化遗产推进人类文明进程作出应有的贡献。在非物质文化遗产的保护利用过程中，还可以"通过产业化的手段寻求非物质文化遗产在新的环境下传承与传播的市场空间，并借市场化的机会扩大规模与筹集资金，实现非物质文化遗产存续与发展的良性循环。同时，审视过去在开发利用中出现的问题，还必须在产业化的同时，建立起非物质文化遗产市场化后的评估、监测、规范等管理机制与收入分配体系，在坚持整体性保护的原则下，积极寻求新时代背景下非物质文化遗产的生存与发展空间"。❷但是，这种以市场化开发来促进非物质文化遗产保护的观点可能会遭受众多学者的质疑。文化的传承和创新，与在传承和开发名义下造成的文化破坏，这两个方面在非物质文化遗产保护中几乎成为难分难解的纠缠在一起的矛盾体。然而不可能单纯以原汁原味的原生态保护的标准解决非物质文化遗产的传承和发展问题。一味强调"原汁原味"的保护，而忽略了文化应和自然与历史条件的改变、文化与生存空间的变迁相适应这一事实，便与联合国教科文组织《保护非物质文化遗产公约》中对非物质文化遗产的解释"各个群体和团体随着其所处环境、与自然界的相互关系和历史条件的不断变化不断使这种代代相传的非物质文化遗产得到创新"相违背。还有学者从建构主义原真性理论的角度，对非物质文化遗产的原真性问题进行了讨论，认为非物质文化遗产的原真性不是纯粹的原始形态，而体现为一种持续建构，保护不是要把它尘封在一个既往的历史时空点上，也并非是一种书斋里的历史研究或者仅仅给博物馆提供某种展品，而是文化建设系统工程中的一个有机组成部分。

董历华等从政府的角度论述了其在非物质文化遗产保护中所肩负的责任和应采取的策略、措施。各级政府应对非物质文化遗产保护工作给予足够的认识与支持，实行分级保护制度，培训保护非物质文化遗产的人才队伍，开发和保护并重，形成营造全社会重视非物质文化遗产的氛围，推动民间非物质文化不断发展为文化产业。

---

❶　王松华，廖嵘.产业化视角下的非物质文化遗产保护[J].同济大学学报（社会科学版），2008（01）：107-112.

❷　同上.

第三节　文化景观保护与管理理论

一、历史景观保护管理与修复理论

由于受到功能用途、社会结构、政治环境和社会发展的持续影响，历史景观是一个动态发展的过程。保护要求采取前瞻性的行动，保护的目标是保持景观特征的可识别性和发展的可持续性。这种保护必须与当代生活是相和谐的，必须是当代社会和经济发展的有机组成部分。

因为历史景观表达的是生活在一块土地上的人的工作和生活所形成的动态景观，因此，景观的整体保护涉及地方权力机构、居民参与、立法和规划、与公共组织和私人的合作、财政支持及长期持续的监管。

历史景观的管理是对遗产使用和安全的管理。保护政策经常被定义为一种监督拆除、大规模改变和新建过程的体系，但实际上，它意味着对景观变化的控制、对场地发展的管理，是一种对历史景观自然演变过程的干预。管理的目标是保护景观结构赖以形成和存在的基本条件并使之可持续的变化；管理的方法是维护地方的社会凝聚力、功能多样性、经济活力和价值多样性。

历史景观的衰退是遗产地衰退的副产品。时光流逝，人、社会、经济或自然环境不断变化，相对固定的历史肌理变得不太适合当代社会发展的需求。它的景观价值也在慢慢失去根据。拯救它的方法，就是要为它的存在和发展找到依据，以一定的干涉手段规定它的发展方向。管理手段直接联系着历史景观的更新和再生过程。

保护历史景观的多样性、可识别性的关键是鼓励维持和继续使用历史场地，因为文化的多样性和场地使用功能共同培育了历史景观的和谐，保持和延续了历史景观的生命力。在不破坏本质特征的条件下灵活使用，以恰当的经济手段促进保护，提升环境品质。这要求国家或地方的代理机构参与管理过程，制定专门的管理政策。

（一）保护历史景观的可识别性应注意以下原则

第一，尊重现状的类型和形态（如建筑特征和土地的使用方式）：复兴场所精神和认同感，采用灵活的更新方式使现有的肌理适应现代生活。

第二，认识公共场所的重要性：保护既是对建成环境的保护也是对习俗和传统的保护，所以公共空间就具有十分重要的意义，因为它是人们传统上交流和进行公共活动的场所，对于人们从心理上、情感上对一个地方保持归属感起着重要作用。

第三，尊重原有建成环境的外在感知：熟悉的形象的力量也和许多因素一样表达了景观的可识别性，形象上差别大的介入物会被认为是陌生的，不符合历史景观的体验和自身的价值。同时，《维也纳备忘录》认为保护景观可识别性不能采取"伪历史设计"的形式，因为这种设计形式既背叛了历史，也否定了当代。

（二）保护历史景观的多样性包括以下两方面

第一，保护社会多样性：维持和鼓励社会多样性，它是城市景观健康、稳定和繁荣的标志；

第二，维护功能多样性：功能多样性是通过混合使用的途径来达到的，并不是指维持原来的功能一成不变，而是鼓励灵活地、多功能地使用场地。

保持历史景观的可持续发展是在保护景观的多样性、可识别性和活力的过程中实现的，同时要求持续的管理，以恰当的政策提供整体性保护的框架，以确定承载力的方式定义历史景观可接受的变化。

（三）历史景观管理的内容主要有以下五个方面

1. 对景观形态的管理

① 界定不允许的涉及历史景观的发展政策，选择场地可兼容的新功能；

② 新的建造在体量、规模、形式、材料和设计品质上尊重历史肌理；

③ 保护视线、有机和无机的环境配置、历史的设计风格状况的安全，以法律、控制监督程序确保历史的建造肌理，以及其他构成历史景观的元素的安全；

④ 通过场地设计原则和发展大纲来强化场地特征，提升场地品质，兼顾自然特征和文化特征；

⑤ 尽可能多地保护物质遗存，鼓励可持续的更新过程；

⑥ 在由现代道路网和大尺度工程所定义的建成环境中保护传统的人性化的空间尺度。

2. 对环境要素的管理

历史景观的衰退也可能因疏于环境管理，如空气污染、噪声、振动而失去吸引力。不恰当的交通管理方式对历史景观的影响最大，不仅会带来景观特征的变化，还会污染环境。

对此的管理内容包括：

① 减少环境污染和噪声；

② 尽量减少交通拥挤和对某些污染严重的交通方式进行管制，限制不便利的重型交通，这些既是美学上的要求也是维护历史肌理的要求；

③ 对环境的物质肌理加以改善，如道路修缮、街具的及时维护与更换；

④ 保护开放空间的特征以维护历史景观的特征；

⑤ 充分利用步行交通的优势；

⑥ 恰当规划停车场；

⑦ 场地的生态恢复与生态重建，包括水体治理、土壤改造与植被恢复等。

环境管理有赖于和权力部门的合作，修建新的道路和交通设施，处理环保问题，避免材料和能源的浪费，恰当地处理生活、生产的废物等。维护和修缮工作尽可能使用传统的材料和技艺，因为这可能对地方来说是可持续的资源使用和管理模式。

3. 对社会要素的管理

① 维持场地人与人之间传统的联系方式；

② 保护衰退的历史景观作为人居环境的功能；

③ 保护场地的社会、经济、文化功能，以及维持这些功能间的平衡。

4. 对旅游业的管理

旅游业为维护历史景观提供经济条件，为新的服务业和相关发展创造了条件，给地方带来新的经济增长的机会，但同时旅馆、商店和其他经营保护也改变了景观，过分发展旅游业会破坏已经存在的社区间的平衡、危害地方文化个性的延续。适当的旅游业有助于增添地方的活力，但过度的旅游业既会破坏物质肌理也会破坏社会肌理，因此必须仔细规划和控制旅游业，因为它对维护文化多样性至关重要。

5. 管理中的公众参与

管理政策和规划本质上是自上而下的，当地定居者对环境有自发的要求和影响是自下而上的，二者必须协调才能形成有效的管理策略。历史景观保护政策的形成必须听取公众的建议，保护机构必须和地方公共团体、个人建立长期的合作关系。

二、自然生态保护管理与维护理论

如果说历史景观管理理论是对变化的管理，那么环境容量控制理论则是对变化的控制。

环境容量指的是某一环境对损害的最大承受限度，在这一限度内，环境质量不致降低到有害于人类生活、生产和生存的水平或者是专门设定的标准。环境具有一定的自我修复外界损害所致损伤的能力，即环境的自净能力。环境的自净作用越强，环境容量就越大；但环境容量一旦被突破，环境的自我修复能力就会受到损害乃至丧失。这个限度就是环境容量理论的基础。

1968 年，日本学者首先将这个概念借用到环境保护领域，尔后景观建筑学家和旅游学家将这个概念引入游憩管理和土地利用规划，逐渐发展出游憩环境容量理论（Recreation Carrying Capacity，简称 RCC）、可接受的改变极限理论（Limits of Acceptable Change，简称 LAC）等将资源保护、文化资产保存与经济利益相结合的管理理论。在这些理论中，环境容量作为一种工具，设置了一个门槛——越过它，环境的改变就会无法修复，从而确定一个对环境可持续发展的监控系统。

（一）游憩环境承载容量理论（RCC）

环境承载容量的概念最早出现于 1838 年，是由比利时的数学生物学家 P.E. 弗雷斯特提出的，随后被应用于人口研究、环境保护、土地利用、移民等领域。[1] 游憩环境承载容量理论（RCC）最早出现在 20 世纪 30 年代中期，在 20 世纪 70 年代末达到成熟高峰期。其理论基础是指任何资源的使用都是有极限的，景观资源的利用也不例外。当使用强度达到某一阈值或临界值时，资源及其环境将失去可持续利用的可能。自然及风景保护区的开发利用必须在其允许的环境承载容量之内，即要在资源允许的承载能力范围内规划布置所有开发利用活动和社会经济建设。根据生态保护和环境容量的要求，合理确定开发利用的限度及旅游发展的容量，有计划地组织游览活动，严格控制其他各类经济建设与活动。

RCC 理论通过量化的方式用数量级来定义景观环境的游憩承载容量。美国学者 Shelby 和 Heberlein 将 RCC 定义为：不破坏环境和影响游客体验的利用强度。他们将游憩承载容量划分为四个部分加以考察，分别是：生态承载容量、空间承载容量、设施承载容量和社会承载容量（见表 2-1）。而这些承载容量的研究结果以数量级的方式加以表达，如社会承载容量以 1 到 9 加以划分，"1"相当于"最不拥挤"，而"9"相当于"极端拥挤"。对这些承载容量研究的成果将形成在保护区内开发力度的门槛，使资源的可持续使用、访客的体验和有效管理的可能性都能得到保证。

表 2-1　四种类型游憩承载容量研究的主要内容

类型	研究内容
生态承载容量	生态系统受到的压力，如地表植被的损失、保护区内聚落和湿地受到的影响、土壤受到的污染、垃圾收集和清洁的问题，以及文化资源的保护和参观学习之间的问题
空间承载容量	人与空间关系的压力，如人在风景或生态敏感地带的分布密度

---

[1]　杨锐. 从游客环境容量到 LAC 理论——环境容量概念的新发展 [J]. 旅游学刊，2003(05): 62-65.

类型	研究内容
设施承载容量	游憩设施带来的压力，如人与设施的比例关系，停车场、码头的规模等
社会承载容量	主要研究人对环境的感受（如是否拥挤？）、游客之间的冲突等

RCC 研究的承载容量并不仅限于当时，而是根据规划要求的期限，如期限为十年的规划，则研究十年内场地可持续发展的承载容量，然后据此进行保护与游憩规划，确定管理目标和方法。

对于大的保护区，不同地段的生态承载容量、空间承载容量、设施承载容量和社会承载容量也会有很大差异，因此要分段分块分别进行研究。此外，根据保护区内的资源状况，还要对某些特殊的承载容量指标加以研究，如水景保护区中的水面游船数量和承载容量的研究。

在上述四种承载力调查完成后，还要确认哪一种或哪几种类型的承载容量是最重要的限制因素，最后得出场地的总承载容量水平。承载容量水平是不能用绝对的人数、车辆这样的数字来表达的，因为总体上它仍是一个估算出来的值，但是它可以用质量指标、随时间变化的数量或限制条件来表达。分析得出场地使用强度的四个等级：低于承载容量、接近承载容量、等于承载容量和超出承载容量，即确定怎样的使用强度会达到的等级水平。

综上所述，确定场地的游憩环境承载容量分为三个步骤：

第一，收集场地四种类型承载容量的数据。所收集数据的内容见表 2-1，并可以根据调查场地的特征对调查内容加以扩展。

第二，辨认出对场地使用最重要的限制因素，例如，如果场地邻近敏感的动植物，那么生态承载容量就被认为是最重要的限制因素；如果环境要素给人的感觉已经十分拥挤了，那么社会承载容量就是重要的决定因素。

第三，估算场地总承载容量。当四种承载容量都被平等地加以评估之后，以及评价了所有田野观察、可能得到的娱乐使用情况的数据、场地管理人员提供的资料之后，就可以确定场地的总承载容量。总承载容量也划分为高、中、低三个强度等级。

（二）可接受的改变极限理论（LAC）

可接受的改变极限理论（LAC）是在游憩环境承载容量理论的基础上发展而来的。1960 年，世界各国学者对环境容量的研究达到了一个高潮，当时许多科学家认为如果能计算出环境容量的具体数字，那么它将为解决资源保护和利用之间矛盾的提供更客观的依据，但此后发现，对于变量如此之多、变量之间的关系如此复杂的环境，要计算出一个准确的、可以作为管理依据的数据几乎是不可能的，实践也证明，如果将环境容量仅仅作为一个数字对待的话，管理的结果往往会以失败而告终。科学家们也认识到只控制量是不够的，游憩活动的种类、管理能力的高低、游客的素质都会对生态状况和环境品质造成影响。❶

1. 可接受的改变极限的基本概念

"可接受的改变极限"这一用语是由一位名叫 Fdssell 的学生于 1963 年在他的硕士学位论文中提出来的。Fdssell 认为，如果允许一个地区开展旅游活动，那么资源状况下降就是不可避免的，也是必须接受的。关键是要为可容忍的环境改变设定一个极限，当一个地区的资源状况到达预先设定的极限值时，必须采取措施，以阻止进一步的环境变化。❷20 世纪 80 年代，美国国家森林管理局的几位科学家进一步发展了这一理论，针对 RCC 理论将重点放在控制数量上，如访客数、设施数目。LAC理论主要控制环境本身的变化，力求在绝对保护和无限制利用间寻找一种妥协和平衡。

LAC 理论的逻辑包括以下几点❸：

第一，只要有利用，资源必然有损害、有变异，关键的问题是这种变化是否在可接受的范围之内；

第二，资源保护和游憩活动是国家公园规划和管理的两大目标，要取得平衡，这两个目标必须相互妥协；

第三，决定哪一个目标是主导性目标，在国家公园，通常主导性目标是资源与旅游品质的保护；

第四，为主导性目标制定可允许改变的标准（包括资源状况和旅游品质两个方面）；

第五，在可允许改变的标准以内，对游憩利用不加严格限制；

第六，一旦资源与旅游品质的标准超出了可允许改变的范围，则严格限制游憩利用，并采取一切手段使资源与旅游品质状况恢复在标准以内。

❶　丁新权.江西省风景名胜区保护管理理论与实践研究 [D].南京：南京林业大学，2004.

❷　杨锐.从游客环境容量到 LAC 理论——环境容量概念的新发展 [J].旅游学刊，2003(05)：62-65.

❸　蔡立力.我国风景名胜区规划和管理的问题与对策 [J].城市规划，2004(10)：74-80.

2.可接受的改变极限理论的操作方法

1985 年 1 月，美国国家林业局出版了题为《荒野地规划中的可接受改变理论》的报告，系统地提出了 LAC 的理论框架和实施方法，分为 9 个步骤❶。

（1）确定保护区的课题与关注焦点

① 确定规划地区的资源特征与质量；

② 确定规划中应该解决哪些管理问题；

③ 确定哪些是公众关注的管理问题；

④ 确定规划在区域层次和国家层次扮演的角色，这一步骤的目的是使规划者更深刻地认识规划地区的资源，从而对如何管理好这些资源得出一个总体概念，并将规划重点放到主要的管理上。

（2）界定并描述旅游机会种类

每一个规划地区内部的不同区域都存在着不同的生物物理特征、不同的利用程度、不同的旅游和其他人类活动的痕迹，以及不同的游客体验需求，上述各个方面的多样性要求管理也应该根据不同区域的资源特征、现状和游客体验需求而有所变化。机会种类用来描述规划范围内的不同区域所要维持的不同的资源状况、社会状况和管理状况。旅游机会的提供必须与规划地区的总体身份相协调。

（3）选择有关资源状况和社会状况的监测指标

指标是用来确定每一个机会类别其资源状况或社会状况是否合适或可接受的量化因素。指标是 LAC 框架中极为重要的一环，单一指标不足以描绘某一特定区域的资源和社会状况，应该用一组指标来对相应的地区进行监测。

（4）调查现状资源状况和社会状况

LAC 框架中的现状调查，主要是对步骤（3）所选择出的监测指标的调查。当然也包括其他一些物质规划必要因素的调查，如景点等。调查的数据为规划者和管理者制定指标的标准提供依据。

（5）每一旅游机会类别的资源状况标准和社会状况标准

标准是指管理者接受的每一旅游机会类别的每一项指标的极限值。一旦超过标准，则应启动相应的措施，使指标重新回到标准以内。

（6）制定旅游机会类别替选方案

第六个步骤就是规划者和管理者根据步骤（1）确定的课题和关注点及步骤（4）

---

❶ 杨锐.从游客环境容量到 LAC 理论——环境容量概念的新发展 [J].旅游学刊，2003(05)：62-65.

所获得的信息，来探索旅游机会类别的不同空间分布。

（7）每一个替选方案制订管理行动计划

步骤（6）所确定替选方案只是制订最佳方案的第一步，在步骤（7）中应该为每一个替选方案进行代价分析，以便进行比较。

（8）评价替选方案并选出一个最佳方案

经过以上七个步骤后，规划者和管理者就可以坐下来评价各个方案的代价和优势，管理机构可以根据评价的结果选出一个最佳方案。

（9）实施行动计划并监测资源与社会状况

一旦最佳方案选定，则管理行动计划开始启动，监测计划也必须提到议事日程上来。监测主要是对步骤（3）中确定的指标进行监测，以确定它们是否符合步骤（5）所确定的标准；如果资源和社会状况没有得到改进，甚至是在恶化的话，就应该采取进一步的或新的管理行动，以制止这种不良的趋势。

LAC 管理理论最初在美国国家森林保护区中运用，随后很快被推广到世界其他国家如水面、海岸等其他地表形态的保护中。LAC 理论以制定环境指标及其控制标准和超出标准时的管理对策来进行保护区游憩活动管理。LAC 管理理论中最关键的部分就是选择监测指标的内容，确定监测指标的标准，所选择的监测指标必须是由游憩项目直接引起的，然后确定这些指标可接受的变化范围，并进行持续监测。

第三章　景观文化与相关学科

第一节　景观文化与地理学

一、地理学

（一）地理学的定义

地理学在英语中称为"geography"，"geo"意味着土地，"graphy"意味着记述。也就是说，地理学原本的意思是土地的记述。如果场所 place（地方、地点）不同的话，这个场所里存在的各种现象也就不同了。地理学是指记述场所的实际状态、自然现象和人文现象的各个要素的相互关系、说明由场所而产生的类似性与差异性、解释场所与环境因人而具有不同含义的学问。

（二）地理学的学术性与实用性

地理学是一门从人对未知世界的好奇心而产生的学问。人类有生以来具有想知道未知场所的好奇心。孩童时探险自身周边的地域以扩大自己的世界。长大成人时这种好奇心并未停止。人们面对火车时刻表或者边看地图边想象未知的世界，如果时间与金钱富裕的话，就会去自然与人文现象不同的场所和地方旅行。

人类的历史也是对未知世界进行探险的历史，人们在知道危险的情况下，横渡大海、穿越沙漠与草原、潜入丛林、征服高山。这种探险的结果是，地球上现在几乎不存在人类未踏足的土地。但是，人类的探险活动并未停止。人类即使面对日常接触的现实世界，未知领域也在不断扩大。

地理学家不论是在什么样的场所，都能运用学科体系的学问框架去解释未知的世界。不管是谁，只要通过地理学的训练，就能够在日常生活中体会到探险的刺激与兴奋。适当的地理教育不能让学生误解为地理学是将所罗列的各个现象进行暗记的学问。通过地理教育，加深学生对各个领域现状的认知，进而延伸学生本来对有关特定场所知识的好奇心，能够时常体验探险的乐趣。

地理学的另一个侧面是实用性。地图是人类活动最基本的信息源。为了绘制地图，测量技术有了很大发展，同时表现地图的制图技术也有了较大的进步，进而在地图分析方面诞生并发展了分析多种多样的情报的地理信息系统（GIS）。回顾人类发展的历史，一个国家为了征服另一个国家，对被征服国的自然条件、人口与职业构成、宗教等有关的情报收集是不可欠缺的，大量的方志学就是基于这个目的而做成的。为了进行贸易必须开拓贸易航路和口岸，为此进行了形式多样的地理探险活动。在 15 世纪末至 16 世纪初期的大航海时代，西班牙人和葡萄牙人开拓了新航线，其动机之一就是为了获取香料的贸易通道。现在由于地理学的发展，在气象观测与预报、环境评估、地域计划、工业与商业及公共设施的区位选定分析等领域都有了很大的进步，对社会的贡献也在不断提高。

（三）地理学的分类

从广义上用系统地理学对地理学领域进行分类的话，存在两个大的领域，即以地表的自然现象为对象的自然地理学和以与人类活动有关的现象为对象的人文地理学。在自然地理学里有地形学、气候学、水文学、植物地理学、土壤地理学、动物地理学等。而在人文地理学方面，则包括以人口地理学、经济地理学、政治地理学、村落地理学、城市地理学为首的许多部门（见表 3-1）。

表 3-1　地理学的分类 ❶

一级分类	二级分类
自然地理学	综合地理学
	地貌学
	气候学
	冰川学
	水文地理学
	土壤地理学
	植物地理学
	动物地理学
	化学地理学

❶ 王鹏飞.文化地理学 [M].北京：首都师范大学出版社，2012.

一级分类	二级分类
自然地理学	医学地理学
人文地理学	社会文化地理学：种族（民族）地理学、人口地理学、社会地理学、文化地理学
	经济地理学：农业地理学、工业地理学、交通（运输）地理学、商业地理学、旅游地理学
	政治地理学：政治地理学、军事地理学
	其他：城市地理学、理论地理学、应用地理学、计量（数量）地理学、历史地理学、地名学、方志学、地图学

1. 自然地理学

自然地理学是研究地球表面的自然地理环境的。这个地球表面并不是几何形体的表面，而是具有独特的物质结构状态和一定厚度的圈层或层壳。因此，在有些地理文献中把它称为"地理圈""地理壳""景观壳"等，或直接称为"地球表度"。

地球构造的主要特征是具有分层性，即整个地球是由一系列具有不同物理和化学性质的物质圈层构成的。例如，地球的外部覆罩着大气圈，其中还可以再分为对流层、平流层和更高空的一些层；在大气圈的下垫面是由海洋和陆地水构成的水圈以及疏松的土被层；地球固体部分的外壳称为地壳；地壳以下的地球内部又分地幔和地核。此外，在地球上还存在有生命的物质，这些生物的总体及其分布范围称为生物圈。所有这些圈层的组合分布情况具有两种特点：一种是高空和地球内部的圈层各呈独立的环状分布；另一种是地球表面附近的各圈层则呈交错重叠分布，各组分相互渗透。后一情况表明，地球表层或地理圈正是由大气圈和岩石圈的一部分及水圈、生物圈和土壤层构组而成，并使它具有一系列不同于地球其他部分的结构特性。这里的岩石、气候、水体、生物、土壤等组成成分之间存在着密切的相互联系和相互作用，通过水循环、大气循环、生物循环、地质循环等彼此进行着复杂的能量转化和物质交换，在物质和能量的转化和交换过程中，还伴随着信息的传输，从而形成一个完整、有序的自然地理系统。该系统还从地球内部和外层空间输入一定的能量和物质，以维持其各组分和各区域间的有序结构，并保持其平衡状态。

在地球上，具有高度智能和相当数量的人类，也是干扰和控制自然地理系统的一个重要因素。在它的作用下，现代自然环境已经发生了不同程度的变化，使许多地区在天然环境的背景上变为人为环境。历史的经验表明，人类的活动如果遵循自然界的客观规律，那么人类就受益于自然界，人与自然环境的关系就比较协调，有的自然资源就可以得到不断地更新；相反，则资源就会受到破坏，环境质量就会下降，生态平衡就会失调，人类必将受到自然界的惩罚。

总之，自然地理的研究对象包括天然的和人为的自然地理环境，它是具有一定组分和结构的开放系统，分布于地球表层并构成一个地理圈。

2.人文地理学

人文地理学是地理学科体系中的重要组成部分，并且日益成为地理学的研究重点。地理学把地球表面作为人类活动的空间来研究，地球表面是人类生存活动最直接、最重要的场所，人类的生存、生产和生活都离不开地理环境，人与地理环境间的相互依存关系一直是地理学研究的重要课题。而且，现代社会和经济发展以前所未有的规模和速度影响着地理环境，由于科学技术的进步，人类利用环境的范围扩大了，强度不断提高，人对地的干扰和影响越来越大，出现了危害人类社会的各种环境问题，如人口数量加速增长，资源在地域上和时间上的供应失调，环境污染扩大而质量恶化，城市化进程加快而城市扩展失控等。人类关注自然环境在经济增长、社会进步中的基础地位的同时，进一步认识到人类自身在其中的主体作用，社会、经济、文化、政治体制等因素改变了自然界能量的流动和物质的循环，自然环境与人文环境相互作用形成了统一的综合体，因此，自然现象和人类活动是无法割裂开来进行研究的，脱离了人类活动的纯自然或脱离了自然环境的人类社会都是不全面的。人文地理学以人文现象为研究主体，侧重于揭示人类活动的空间结构及其地域分布的规律性，人文现象的空间分布及其演变不仅受到自然环境的影响，而且社会、经济、文化、政治等因素也起着十分重要的作用。当前地理学更趋于深入研究国家建设和解决社会问题，人文地理学日益成为地理学的发展重点。

3.人文地理学的研究对象

当代人文地理学研究的领域极其广泛，构成了一个疏松的综合体，但人文地理学的研究对象具有其特定的内核：一是注重区域和空间这一研究主线。《大英百科全书》记载的是"人文地理学是研究多种人文特征的分布变化和空间结构的科学"。人类活动在地球表面创造了各种人文现象，所有的人类活动都是在特定的地域上进行的，人文地理学并不研究人类活动所产生的人文现象的所有方面，如人文现象的时间序列、社会关系、组织机构等。从作为一门空间科学的地理学的学科本质出发，人文地理学只研究人文现象的空间分布，以及它们的形成过程、发展规律和演变趋向；二是人地关系的传统。人与环境的关系是一个动态的过程，人文地理学研究人文现象空间特征与人类活动赖以生存的地理环境之间的关系，揭示自然环境对人类社会活动和人类活动对环境的作用的变化规律，以及探讨如何适应环境和改造环境，以协调人地关系。

对人文地理学的研究对象存在不同的理解。我国人文地理学奠基人李旭旦教授认为："人文地理学，又称人生地理学，是以人地关系的理论为基础，探讨各种人文现象的分布、变化和扩散以及人类社会活动的空间结构的一门近代科学。人文地理学着重研究地球表面的人类活动或人与环境的关系所形成的现象的分布与变化"。❶吴传钧院士则认为："人文地理学是研究人地关系地域系统的形成过程，它的特点、结构和发展趋向。"❷这些对人文地理学研究对象的表述虽然侧重点不尽一致，但其基本观点却有相似之处。即人文地理学是从地域的观点去研究人文现象的空间分异规律，着重说明在什么地方有什么样的人文活动和人文特性，探讨其形成过程，揭示与地理环境的相互关系，并预测其发展变化趋向。

4. 人文地理学的学科特性

人文地理学是地理学中的社会科学，它既有社会科学的特性，又有地理学的特点。人文地理学的主要特性是社会性、区域性、综合性。

（1）社会性

人文地理学不同于自然地理学，它是一门社会性较强的地理学科，具有明显的社会性。社会科学以人及社会现象为研究对象，人文现象的分布是社会现象的空间形式，是一种特殊的社会经济活动，研究社会现象的地域结构是人文地理学的具体研究领域。不同地域人文现象分布的发展和变化，虽然受自然环境、技术条件等因素的影响，但是主要还是受制于社会、经济、文化、政治等人文因素，其中社会生产方式和社会经济制度是最基本的因素。

人文地理学的社会性还突出反映在其历史性上。各地区人文现象的分布面貌是在历史演变过程中形成的，因而在不停地运动中，如民族的形成与发展、人口的分布和迁徙、文化传统的继承和传播、聚落的形成和分布等，人文地理研究要运用历史分析的方法，要有动态观点，要求把现代人文地理现象作为历史发展的结果和未来发展的起点，要求研究不同发展时期和不同历史阶段人文地理现象的发生、发展及其演变规律，预测其发展方向，更好地为社会经济建设服务。

❶ 中国大百科全书总编辑委员会《地理学》编辑委员会，中国大百科全书出版社编辑部.中国大百科全书·地理学 [M].北京：中国大百科全书出版社，1990.

❷ 吴传钧.人文地理研究 [M].南京：江苏教育出版社，1989.

（2）区域性

区域性是地理学的基本特性，也是人文地理学的特性之一。人文地理学与其他人文学科的根本差异就在于人文地理学包含了区域研究的特性，重视了区域特征的差异性和相似性。人口地理学之区别于人口学，民族地理学之区别于民族学，社会地理学之区别于社会学，关键也都在于地理学的区域研究特性。离开了区域差异的研究，人文地理学也就失去了凭借。

任何地理现象都有一定的分布区域，都具有特定的空间和地域，研究地理区域就要剖析不同区域内部的结构（各种成分之间、各部分之间的关系），区域之间的联系及它们之间发展变化的制约关系。人文现象的地理位置的研究，它的分布范围、界限、类型、规律的研究、区域特征及条件的研究、区域划分的理论和方法的研究，以及地图的编制等，都是区域性的体现。

（3）综合性

综合性的特点来源于地理事物的多样性、整体性。人文地理学是从地域的角度来研究人文现象的。这些人文现象内容繁多，彼此之间及它们与环境之间有着错综复杂的关联，如果仅就个别地理现象进行分析，可能无法正确理解现象的本质和问题的关键。只有对所有关联因素进行认真、细致的综合，从总体特性进行研究，注重各种要素之间的相互影响和相互制约，以及地表综合体的特征和时空变化规律，才能得出正确的结论。

人文地理学自身的优势也在于它在综合研究一个区域的人口、经济、社会、文化、政治、聚落等各方面形成发展的条件、特点、分布规律和人地之间的关系以后，在一个更高的层次上发现问题，提出解决矛盾的构思。

综合性特点决定了人文地理学的性质是一个横断学科，它与研究地球表面人文要素的学科，如社会学、经济学、政治学、文化学、人口学，甚至心理学、行为科学等都有密切关系。人文地理学从这些学科吸取有关各种要素的专门知识，反过来又为这些学科提供关于各种要素及其他现象间空间联系的知识。

二、景观与文化地理学

一般认为，文化地理学属于人文地理学的一个分支。但是，由于文化与人类诸现象的各个侧面有着千丝万缕的联系。因此，可以说文化地理学网罗了人文地理学的所有领域。作为生物圈一员的人类，在和自然环境的相互关系方面，文化地理学强调人的作用，其学科内涵扩展到自然地理学领域，即文化地理学基本上是以文化为对象的人文地理学的一个部门，其研究范围包含人文地理学的全部领域与自然地理学的一部分。

（一）文化地理学中的文化特征

1.强调文化对环境的适应

人类是一种在地球表面上生息的动物，与其他动物不同，在新陈代谢、生育、身体的保全、安全、运动、成长、健康等生理欲求方面，通过文化对环境的制约，能够处理克服这些问题。文化地理学者认为与环境相适应是文化的手段，各式各样的经济、社会、政治构造也是文化适应的直接与间接的结果。

2.重视人的主体性与尊严

为了强调人与动物的不同，文化概念侧重于人类所具有的特性，重视人的主体性与尊严的研究相对较多。站在此立场上的文化地理学工作者，不论是寻求人的经济合理性的经济人，还是对刺激进行条件反射的动物，都极力避免将它们单纯化。

3.理解文化的相对性

文化地理学者针对某种文化与其他文化进行优劣比较之事不予评价。即使某个集团和别的集团是一种支配与从属关系，也不比较其文化的优劣，只是关注文化相对性质的差异。

4.关心集团的模式

文化地理学者对因各个集团而产生的现象差异特别关心，具有共同的目的与同一性，在成员当中进行相互作用的集团，更多的情况是具有独自的规模、价值观与物质文化。一般的地理学者首先关注地域诸条件的差异，文化地理学者在关注这些差异的同时更加关注不同集团之间所呈现出的模式。

5.对价值象征体系的关心

文化地理学者通过比较地域和集团不同的人文现象，认为在其场所的区位条件与距城市的近接性等地域条件呈现之前，首先怀疑这是不是表现了这个集团的价值与传统特征。集团共同拥有作为独自的价值与信念体系的文化，通过其文化的过滤，认识环境、理解环境并作用于环境。人类在建造村落与建筑物或城市时，这些不只是单一机能的容器，而且作为由集团成员理解其含义所具有的特征，更多的是反映其价值与意识形态。因此，通过人类建造的建筑物（文化景观）和文学、艺术作品等，能够探寻这种象征的更深层的含义。

（二）文化地理学的研究对象

文化地理学的研究对象是文化，文化地理学工作者对与文化有关的一切要素都持关心的态度。由于对地表的各种现象进行分析是地理学特有的学问特征，即使在文化形式的多样性方面，特别是在有关地域的、环境的、景观的要素等研究方面，发挥着极其重要的作用。

1.文化地域：文化的地域侧面

地理学是发现存在于地表之上的各种事物的差异与类似性，运用地域、场所、空间等概念进行记述，并分析其原因的学科。文化地理学也是发现地表所展开的文化差异与类似性，探讨其要因。在文化地理学上，运用文化地域的概念进行研究。

2.文化生态：文化的环境侧面

地理学是以地表的自然环境与人文环境为对象的，人类通过文化的过滤认识自然环境，对其内涵进行定义，对自然环境进行反应，并进一步改变环境。人类以适应环境作为手段来运用文化，通过文化媒介，人类与环境的相互关系是重要的研究对象。

3.文化景观：地球表面所显现出的文化

人类基于各自的文化价值与知识，以文化景观的形式反映在地表之上。这不仅是其具有针对环境进行适应的机能性质，而较多的情况是具有象征的性质。此外，文化景观并不局限于肉眼所见到的事物。在我们心中浮现出的各种印象也被认作是景观，这种文化景观已经成为文化地理学工作者的重要的研究对象之一。

第二节 景观文化与景观生态学

一、景观生态学概述

（一）景观生态学概念

地理学中的景观学产生于 19 世纪末叶，由近代地理学的创始人之一洪堡将"景观"的概念引入地理学中，随后地理学家 S.帕萨格于 1919~1920 年出版了三卷本《景观学基础》，又于 1921~1930 年出版了四卷本的《比较景观学》。在这两部著作中，他认为景观是相关要素的复合体，并系统地提出了全球范围内景观分类、分级的原理；到 1931 年，苏联的 JI.C·贝尔格给"景观"下了一个比较清晰的定义。他认为："地理景观是物体和现象的总体或组合。在这个组合中，地形、气候、水文、土壤、植被和动物界的特点，还有人的活动融合为统一的、协调的整体，典型地重复在地球一定的地带区域内。"

同时，在 20 世纪 30 年代末，苏联学者 B.H.苏卡切夫提出了"生物地理群落"的概念。这一概念的提出为后来的学者从景观学和生态学两方面综合研究景观生态学奠定了基础。

1939 年，C. 特罗尔在利用航空图片研究东非土地利用问题时提出了景观生态学的概念；1968 年，他又对景观生态学下了一个具体的定义："景观生态学是对景观某一地段上生物群落与环境间的主要的、综合的、因果关系的研究，这些相互关系可以从明确的分布组合（景观镶嵌、景观组合）和各种大小不同等级的自然区划表现出来。"特罗尔在一开始提出景观生态学概念时就认识到单纯用景观学或生态学的理论都难以解决研究中所遇到的实际问题，这使他看到了地理景观学和生态学中各自的不足及两者的互补性，认识到只有将两者结合起来进行综合研究才能解决大尺度地理区域中生物群落之间、生物群落与环境之间各种错综复杂的相互关系的问题。

（二）景观生态学研究方法

新技术和方法的应用是景观生态学发展的一大趋势。科学的发展一般是通过两种途径：一是认识水平的提高，二是研究工具或方法的革新。景观生态学也不例外，其发展得益于传统研究方法的改进和新研究方法的出现。随着地理信息系统的发展，具有空间性质的许多景观数据可以通过航片和卫星图像处理获得，遥感影像及其解译与景观生态调查密不可分，把新技术手段和方法引入理论与应用的研究中也是景观生态学的发展趋势。

现代高技术在景观生态学中的应用，对推动景观生态学原理在生态环境研究中的应用起了巨大作用，主要研究方法包括：遥感技术（RS）和地理信息系统（GLS）；景观指数计算；空间统计学和地理统计学方法；计算机模拟和景观模型的建立。

（三）景观生态学理论基础

景观生态学的基础理论是所有相关学科的学者研究成果的精髓和精华，是一切关于景观生态学研究内容的前提，随着景观生态学的不断发展，这些理论也得到了不断完善和发展，它们概括起来主要有以下七项。

1. 生物多样性与空间分异性理论

空间分异性理论是地理学的一个经典理论，有人把它称为地理学的第一定律，在生态学中，区域分异原则也是其三个基本原则之一。在生态学中，生物多样性理论是一个生物进化论的概念，而在地理学中，生物多样性理论则是一个生物分布多样化的概念。这两者是息息相关的，并且就其今后的发展趋势来看，两者有可能发展成为一条综合的景观生态学理论原则。

地理空间分异的概念实际上是对分异运动的表述。它包括三个层面的分异，一是圈层的分异，二是海陆的分异，三是大洋与大陆的地域分异。在地理学中，地理分异通常被分成若干级别，即地带性、地区性、地方性、区域性、局部性、微域性等。由于生物多样性是对环境分异性适应的结果，所以生物多样性和空间分异性实质上是对同一运动的不同理论表述。

对于景观而言，其本身具有生物多样性和空间分异性的特性，并且由此派生出了具体的景观生态系统原理，比如，景观结构功能的相关性原理，物流、能量流和物种流的多样性原理等。

2. 异质共生与景观异质性理论

景观异质性理论的基本内涵包括了景观组分和景观要素，如基质、廊道、镶块体、生物量、热能、动植物、水分、矿物质、空气等，这些要素或组分在景观中一般是不均匀分布的。由于生物的不断演替进化及能量和物质的不断流动，这会对景观要素产生持续不断的干扰，因此景观也永远不可能达到同质性的要求。基于此，日本学者丸山孙郎提出了景观异质共生的理论，该理论以生物共生控制论为出发点，"认为增加异质性、负熵和信息的正反馈可以解释生物发展过程中的自组织原理。在自然界生存最久的并不是最强壮的生物，而是最能与其他生物共生并能与环境协同进化的生物"❶。

3. 生态演替与生态进化理论

生态进化演替理论是景观生态学学科中一个具有主导性的基础理论，现代景观生态学中的许多理论原则都起源于生态演替进化理论，如现代景观生态学中的景观稳定性、景观可变性及动态平衡性等理论原则的基础思想就是来源于生态进化演替理论，如何深化和发展这个理论是过去及将来景观生态学发展中需要重点研究的一个课题。

4. 空间镶嵌与岛屿生物地理理论

岛屿生物地理理论是在研究岛屿物种的数量、岛屿物种的组成及其他变化的过程中形成的。在考察海岛生物时，达尔文指出海岛的物种稀少、变异很大、成分比较特殊，并且特化和进化现象较为突出。此后，相关研究将重点放在岛屿面积与物种组成和种群数量之间的关系上，并提出了岛屿生物物种数量与岛屿面积大小相关的论点。1962 年，Preston 提出了岛屿理论的数学模型，此后很多学者对这个模型进行了修改和完善，并结合了空间最小面积、繁殖最小面积及抗性最小面积等面积概念，最终形成了岛屿生物地理的理论。

5. 景观地球化学与生物地球化学理论

与研究景观生态学有密切关系的现代化学分支学科包括生物地球化学、环境化

---

❶ 陈谨，马湧，李会云 . 文化景观视角的旅游规划理论体系：要领、原理、应用 [M]. 成都：四川大学出版社，2012:47.

学、化学生态学、景观地球化学等。生物地球化学是由 B.E. 维尔纳茨基创始的，该分支学科主要研究生物圈中各种化学物质的来源，生物活动的特性、数量、状态及污染物的生物地球化学循环、迁移转化规律等内容。出现了生物地球化学之后又逐渐派生出了环境地球化学、水文地球化学、土壤地球化学等分支学科和理论体系。其中，景观地球化学是由波雷诺夫提出的，地球化学生态学是由科瓦尔斯基提出的，这两个分支学科和理论体系的形成为景观生态化学的产生和发展奠定了坚实的基础。因此，景观生态化学理论体系是景观生态学的重要理论基础之一。

6. 自然等级组织与尺度效应理论

等级组织是一个关于尺度科学的概念，自然等级组织理论有助于研究自然界的数量思维，对于景观生态分类及景观生态学中尺度选择的研究具有重要的意义。尺度效应是用尺度表示的客观存在的限度效应，它只讲逻辑，用微观实验的结果推论宏观运动并代替宏观规律，这是导致很多悖谬理论产生的很重要的哲学根源。在有些文献中，相关学者将景观、系统、生态系统等概念混合起来，并且把这些概念泛化导致其完全丧失了尺度性，这就导致了景观生态系统理论的混乱。在当前这样一个科学大融合的背景下，许多传统学科由于多元的交叉综合而模糊了其学科边界，学科与学科之间的界定已经出现了很多问题，所以尺度选择在对许多学科进行再界定的过程中具有十分重要的意义。

7. 生态区位与生态建设理论

区位生态学和生态区位论是生态规划的理论基础，它们是特殊区位论两个重要的微观发展方向。生态区位论是以生态学原理为指导，综合运用地理学、系统学、生态学、经济学等各学科的研究方法对生态规划问题进行研究的新型区位论，从生态规划的角度来看，生态区位就是对景观组分、经济要素、生态单元及生活要求的最佳利用和配置；生态规划就是要在尊重生态规律的基础上寻求人类利益的最优化，通过对资源环境、产业、人口、技术、资金、市场等生态经济要素的严格分析与综合，进而对自然资源进行合理开发和利用。

景观生态建设是指通过引入新的景观要素或者对原有景观要素进行优化组合以形成新的景观格局，进而增加景观的稳定性和异质性，最终创造出优于原来景观生态系统的生态效益和经济效益，形成新的和谐而又高效的人工和自然相结合的生态景观。

当前，景观生态学面临的一个重要任务就是要不断深化和发展生态区位论和区位生态学的理论及方法，进而有效指导区域生态建设的规划、组织、管理等各方面的工作。

二、景观生态学与文化景观及旅游规划的关系

构建旅游目的地的生态网络系统是旅游规划的一项重要工作内容。而在构建生态网络系统过程中，必定要用到景观生态学的相关理论与内容。根据旅游目的地的地理属性、文化属性、区域空间属性等的不同，应选择不同的景观生态学理论进行分析和研究。因此，景观生态学可以称为是旅游规划的支撑和保障。

景观生态学是依托自然景观、人文景观、生态景观等景观要素进行生态研究的学科，而文化景观是研究赋予人类行为的所有景观的文化内涵的学科。因此，文化景观与景观生态学是两门相互交差的学科。两者同为研究景观的学科，只是最终的落脚点有所差异。在旅游规划中，两者的相互作用可以构成对旅游目的地系统、全面分析的保障支撑脉络。

第三节　景观文化与文化人类学

一、文化人类学原理

（一）文化人类学概述

文化人类学的渊源甚古，在科学尚未发达以前，人们对于相距极远的民族的奇风异俗与信仰，已经产生了很大的兴趣，考之古代东方的碑铭、壁画、浮雕及经书，或初民部落中传述的故事，处处可以发现。故可以说，文化人类学的诞生，是源于对异域族群文化的关注。旅行家的见闻是早期人类学研究资料的来源之一。人类学研究者不辞辛苦，远赴异域调查，参与当地人的生活，记录土著的风土民情，理解不同文化的相对价值，实际上已经成为名副其实而不同凡响的旅行家。旅游者和早期人类学者都曾面临对异域文化的适应问题，后来人类学者在进行学术反思的过程中，促成了文化人类学与旅游的结合。

文化人类学，作为一门探讨人、人性、人类文化、人类行为的科学，它关注异域的传统文化，相应地对于如何打入陌生社区、如何理解"他者"的文化、如何发现异域文化潜在的价值、如何提高当地人的生活质量，都在长期的调查实践中积累了丰富的经验。这对旅游开发主体如何开发旅游资源，具有尤为重要的启迪意义。从旅游规划的角度来看，一个长远的、全面的旅游规划必须要考虑到旅游业所涉及的各个要素及与当地社会经济文化环境等方面的相互关系。在旅游规划中，以文化

人类学的视角来指导旅游资源的开发，其目的在于协调旅游与当地传统文化的关系，尽可能减少旅游对传统文化的负面影响，从而发挥旅游的最佳效应。

（二）文化人类学的概念

美国学者 W.H. 霍尔姆斯于 1901 年首次提出了"文化人类学"这个术语，距今已有 100 多年的历史。但在此之前，对人的文化特性的研究早已有之，只是在不同的国家或地区其名称有所不一。大体上，在美国叫文化人类学，在英国叫社会人类学，在欧洲大陆叫民族学。对于文化人类学的内涵，不同学派、不同学者之间的看法也不尽相同。以下是世界上几种比较通用、权威的解释。

《国际社会科学百科全书》给出的定义是："文化人类学是人类学的主要部分，是研究人类文化的科学。除了那些与人类生物学以及与生物和文化因素的相互作用有更直接联系的东西之外，文化人类学包括了所有研究人类的学科。"❶

英国《社会科学百科全书》："文化人类学关心的是作为社会存在的人及其习得的行为方式，而不是遗传传递的行为方式。"

总体而言，文化人类学研究的中心任务就是研究人类群体之间的行为的异同，需要考虑一种文化的各个方面，包括应付自然环境的技术和经济手段，与其他人发生关系的途径，以及这种文化群体所特有的稳定、变化、发展的各个过程。

（三）文化人类学研究范畴

1. 人类学学科

一般认为，人类学有两大分支，即体质人类学和文化人类学。体质人类学是选用比较法研究各民族的体质特征，以寻找一定的标准，来审察各民族相互间的遗传关系，从而发现种族分合的陈迹，并据之以区分人类。所研究的体质特征，如头、面、眼、鼻、肤色、毛发、躯干、骨骼等的形状；又如心灵反应、遗传、适应等现象。文化人类学与体质人类学相联系，因为文化能力根植于生物本性，所以体质人类学家的工作为文化人类学家提供了必要的背景资料。文化人类学所研究的是各民族文化的现状及其演进。具体来说，就是探讨人类的生活状况、社会组织、伦理观念、宗教、魔术、语言、艺术等制度的起源、演进和传播。

2. 文化人类学的分支

美国学者哈维兰将文化人类学划分为考古学、语言人类学和民族学（通常被称为社会文化人类学）等三个分支。这三个分支所使用的研究方法并不一样，而且各自探讨的课题亦有所不同，但他们共同的目标都是研究人类的文化。

---

❶ 亦迅.国际社会科学百科全书 [Z].读书，1988(6).

（1）考古学

考古学，通常指研究历史上的物质遗存，并以此描述和解释人类行为的文化人类学分支学科。它主要研究人类的过去，因为人类实践的物质产品和踪迹（而非这些实践本身）是过去遗留下来的东西。考古学家研究工具、陶器，以及其他持久存在的特征。这类对象和他们留存在地上的方式反映了人类行为的各个方面。

（2）语言人类学

语言是人类掌握文化的有效工具，它使人类能够保留其文化并代代相传。研究人类语言的文化人类学分支学科被称为语言人类学。语言人类学家主要研究的是语言的起源、发展、结构及其与文化中其他方面的关系。通过对各社会背景中的语言分析，语言人类学家能够理解人们怎么感知他们自己和他们周围的世界。

（3）民族学

考古学家一般研究过去的文化，与考古学家相对，民族学家，或社会文化人类学家则专门研究近代与现今的文化。与考古学家专注于研究物质实物以了解人的行为不同，民族学家专门研究人们的观念和实践，民族学家观察他们，经历他们，甚至与他们想要了解的文化中的那些人讨论这些观念和实践。

民族学家研究的根基是民族志。民族志学家的研究方法通常是田野调查法，这种田野调查工作的意图，不仅在于描述他们的文化，而且也要说明文化各方面的相互关系。

虽然民族志的田野工作是民族学的基础，但它不是民族学家的唯一工作。民族志的性质大致是描述性的，它为民族学家提供基础数据，然后民族学家就可能利用这些数据，通过把一种文化的某个特殊方面与其他文化中的相同方面作比较而对它加以研究。

二、文化人类学与文化景观及旅游规划的关系

文化人类学作为人类学的一个分支，是主要研究人类文化的学科，而人类文化的组成包括多个层面，如民俗、建筑、语言、行为、习惯、信仰等内容。因此，文化人类学是一种复合型的研究人类行为的重要方法和手段。而通过对文化景观相关内容的研究，已得出文化景观是所有赋予人类行为的景观的综合体。在此，文化景观可称为文化人类学研究的一个核心对象，文化景观构成了文化人类学研究的主要内容，文化人类学则从文化的视角对赋予人类行为的景观进行了系统的研究，最终在文化景观与文化人类学的共同促进下，形成了具有地域特色的特质文化体系。

从旅游规划的层面看，文化景观是旅游规划的灵魂所在，而文化人类学则是旅游规划的关键手段和方法。在旅游规划编制的过程中，依托文化人类学，从文化的视角研究人类的物质生产、社会环境、社会结构、人群组织、风俗习惯、宗教信仰等内容，通过对文化景观的梳理与整合，形成旅游规划的地域人类文化体系。

下篇　实践篇

第四章 城市景观文化

第一节 城市景观概述

一、城市景观相关概念

城市景观基本上采用广义的景观定义，即城市景观是城市空间与物质实体的外显表现。

（一）城市景观与城市环境

环境，顾名思义，是相对于某一中心事物而言的，与某中心事物有关的周围事物，就是这个事物的环境。环境科学所研究的环境，其中心是人类，因此环境的定义为：围绕人类生存的各种外部条件或要素的总体，包括非生物要素和人类以外的生物体。

人类的环境可以分为自然环境与社会环境。自然环境指围绕人群空间可以直接或间接影响人类生活、生产的一切自然形成物质、能量的总体。构成自然环境的物质种类有很多，主要有空气、水、土壤、动植物、岩石、矿物、太阳辐射等，这是人类存在的物质基础。人类居住的地球，自内向外呈带状构造，与我们关系最近的是地表的几个圈带——水圈、岩石圈、大气圈，这几个圈带相互渗透、相互制约、相互作用、相互转化，又产生了土圈与生物圈，共同组成了人类的自然环境，为人类生存与发展创造了条件。

社会环境包含经济、政治、文化等要素，它是在自然环境的基础上，人们通过长期的社会劳动所创造的物质生产体系。社会环境一方面是人类物质文明与精神文明发展的标志，另一方面又随着人类文明的演进而不断得以丰富与发展。社会环境分有形的环境和无形的环境。有形的环境按空间范围划分，可以分为居室环境、院落环境、村落环境、城市环境等；按利用方式划分，则可以分为聚落环境（院落、村落、城市等）、生产环境（工厂、矿山、农场等）、交通环境（机场、车站、道路等）、文化环境（学校、教育区、文物古迹保护区等）。无形的环境包括经济关系、道德观念、文化风俗、意识形态，还包括人的社会心理、精神状态、文化氛围等。

环境也有狭义与广义之分，狭义的环境通常是指物质的，即"有形的环境"。1989年12月26日颁布实施的《中华人民共和国环境保护法》第一章第二条指出："本法称环境，是指影响人类生存和发展的各种天然的和经过人工改造的自然因素的总和，包括大气、水、海洋、土地、矿藏、森林、草原、野生生物、自然遗迹、人文遗迹、自然保护区、风景名胜区、城市和乡村等。"而广义的环境不仅包括有形的要素，还包括各种无形的要素，如前面提到的社会环境中无形的部分，无形的环境并不是依靠人们从视觉上去感知，而是依靠人们从心理上去认知。

有形环境与无形环境是密不可分的，有形环境是无形环境的载体，而无形环境是有形环境的内涵，人们是从有形环境中认知无形环境的。从认知心理学的角度出发，人们对有形环境的认知，可以呈现三个层面：一是外显层面，即人能通过感官体验到的一切，如方位、形状、尺度、颜色、比例等，它直接作用于人的感官；二是抽象层面，即形式层面所包含的结构性要素，通过空间的结构框架、功能使用及典型符号，表达环境的特征及与用途有关的特点（如可识别性、可理解性、可记忆性），它必须经过理性的辨认才能作用于人的知觉；三是意义层面，即隐藏在形象结构中的内在文化含义，使人产生精神上的共鸣，环境中的历史、文化、生活和具有象征性的人文要素，在环境的创造者及使用者之间产生信息传递，从而赋予环境一定的意义，这种意义在一定的文化框架中起作用。其中，抽象层面与意义层面都属于无形的环境范畴。

城市环境是环境定义在城市中的具体应用。由此可见，城市环境包含范围极广，城市环境涵盖城市景观，城市景观相当于狭义的城市环境。

（二）城市景观与城市空间

实体和空间是城市景观的两个基本要素。城市中的各种实体，即建筑物、构筑物、道路、树木等，构成了城市物质环境，而由这些实体组成的外部即为城市空间。一般说来，城市空间主要包括街道空间和广场空间。城市空间从形式来看是虚无的，但与城市实体同样重要，二者缺一不可，不可偏废。城市空间是人们公共生活的场所，城市人的集会、休憩及交往，许多都发生在城市空间中。如果城市全部是实体（建筑）而缺乏空间的话，那么这样的城市与监狱又有什么区别？世界上不少城市成为败笔，就在于其建筑与空间比例不协调，结果使城市丧失了应有的活力。

城市景观既包括城市中的各种实体，同时也包括了这些实体的外部空间，因此可以说，城市景观的概念远远大于城市空间的概念。

（三）城市景观与城市形态

"形态"一词，最早来源于希腊语，是形与逻辑的统一，意指形式的构成逻辑。城市形态是由空间结构与具体形式共同作用构成的，城市形态的基本组成是街道、开放空间与建筑，包括城市功能分区、城市规划结构、城市用地形态、城市自然状况等因素。城市形态与城市景观范畴大致相同，城市形态所包含的，也都是城市景观中所包含的。只是城市形态的动态性较强，而城市景观是着重从静态意义上而言的。

二、城市景观构成与特点

（一）城市景观的构成

广义的城市景观本身也大致包括四个部分：一是城市实体建筑要素，城市建筑内的空间不属于城市景观的范畴；二是城市空间要素，包括城市广场、道路、步行街及公园和城市居民自家的小庭院；三是基面，主要是城市路面的铺地；四是城市小品，如广告栏、灯具、喷泉、卫生箱以及雕塑。

城市景观是由城市实体建筑、城市空间要素、基面、城市小品等组成，但并不是这些成分的简单堆砌，而是按一定原则组合在一起的。这种组合形成了城市景观的整体框架是：

1. 城市形态

城市形态主要指城市形状、内部结构，以及发展态势；城市天际轮麻线——是从高处感受到的城市全景。

2. 城市轴线

城市轴线是城市空间组织的重要手段，通过轴线，城市景观的各个组成部分被整合为一个有机的整体。例如北京的中轴线以及巴黎的城市中轴线等，都是较为著名的城市中轴线。

3. 城市色彩

城市色彩是建筑物、道路、广场、广告、车辆等人工装饰色彩和山林、绿地、天空、水色等自然色彩的综合反映。

4. 城市体量

城市体量主要指城市尺度，包括平面尺度、立体尺度、建筑物尺度等。

（二）城市景观的特点

其一，城市景观都是依据一定的自然景观建立起来的，自然景观奠定了城市景观的基础，也制约了城市景观的轮廓。如重庆多山的地形地貌造就了重庆山城的景观轮廓，苏州多水的自然状况造就了河道纵横交错的水城景观。

其二，城市景观不只是物质空间的外显表现，同时也有着深刻的内涵。关于这一点，从景观的定义就可以体会出来。汉语中，"景观"是"景"与"观"的有机结合。"景"是客观存在的风景与景物，是实实在在的客观存在；"观"是观察、观赏的意思，是人们的主观感受，是人们的心理活动。有的学者将城市景观分为不同的层次，一是文化历史与艺术层，包括蕴涵于景观环境中的历史文化、风土民情、风俗习惯等与人们精神生活世界息息相关的文化因素，它直接决定着一个地区、城市、街道的风貌；二是环境生态层，包括土地利用、地形、水体、动植物、气候、光照等人文与自然因素在内的从资源到环境的范畴；三是景观感受层，指对基于视觉的所有自然与人工形体及其感受的范畴。

其三，城市景观是一个系统，是一个有机整体。城市景观中任何一个环节都十分重要，都是景观整体系统不可忽略的组成部分。城市景观中的实体建筑、空间要素等如同红花，基面及城市小品等如同绿叶，红花固然重要，但离开绿叶的衬托，也难以达到理想的效果。

三、城市景观的分类与内涵

（一）城市景观的分类

1. 规模体系分类

景观规模一般运用城市建成区的面积予以衡量。建成区 50 平方千米以下为小城市城市景观，建成区 50 ~ 70 平方千米的为中等城市城市景观，建成区 70 ~ 100 平方千米的为大城市城市景观，建成区 100 平方千米以上的为特大城市城市景观。当然，这只是从普遍意义上而言的。

2. 系统角度分类

城市是一个自然——经济——社会——文化的复合生态系统，城市景观也体现了这种复合性。在城市中，绿树、草坪、山脉、河流属于自然系统，工厂、商店等属于经济系统；居住社区、行政办公建筑、医院等属于社会系统；文物建筑、图书馆、展览馆等属于文化系统，城市景观复合生态系统就是以上景观的集合。

3. 功能复合体分类

雅典宪章认为城市有四大功能，即生产、休憩、交通、生活等功能。对应着这些功能，城市景观可以划分为以下类型，如工业景观、商业景观、交通景观、旅游景观、绿地景观、居住景观等。

（二）城市景观的内涵

城市景观是空间与物质实体的外显，它是一种客观存在。这种客观存在的背后，有着复杂的内涵，这种内涵体现在以下几个方面：

1. 城市景观的功用性

城市不仅仅是一件艺术品，更是人类生产与生活的空间，必须满足人们的功能需要。这种需要通过一定的形式表现出来，这种形式就是景观环境。城市景观必须满足人们生产、流通与消费的需要，必须为城市二、三产业的发展提供足够的空间，必须有完备的基础设施及文化娱乐的公共设施……这是城市景观的第一功能，同时也是城市景观其他内涵的基础所在。正如英国著名的建筑师和城市规划家吉伯德所说："城市必须有恰当的功能与合理的经济性，但也必须使人看到时愉快，在运用现代技术解决功能问题时应与美融合在一起。也就是说，要辩证处理功能与形式的关系，功能因素总是不可或缺的。"❶

城市景观是人类改造自然景观的产物，因此，城市景观的构建过程同时也是自然生态系统转化为城市生态系统的过程。无论我们愿意与否，城市景观的塑造过程，就是人类如何开发、利用自然的过程。遵循生态学原理，最小限度地减少对自然的破坏，减少对自然资源的剥夺，减少对生物多样性的破坏，这样的景观对人们是有益的。反之，以掠夺自然、破坏生态的方式去塑造城市景观，最终人类会自食其果，受到自然规律的惩罚。《大地景观》的作者西蒙兹在书中最后一段话"景观建筑师的终身目标和工作就是帮助人类，使人、建筑物、社区、城市——以及他们的生活——同生活的地球和谐相处"❷，就深刻揭示了人类城市景观的生态性。

2. 城市景观的文化性

世界上关于"文化"一词的定义有很多，已经达到近 200 个，归结起来，主要有以下两类：一类是从精神角度出发的。如美国学者墨菲对文化的定义是："文化意指由社会产生并世代相传的传统的全体，亦指规范、价值及人类行为的准则，它包括每个社会排定世界秩序并使之可理解的独特方式。"❸另一类概念则是精神与物质二者兼有的综合性概念。如英国著名人类学家马林诺夫斯基给文化下的定义是："文化是指那一群传统的器物、货品、技术、思想、习惯及价值而言的，这概念包含着

---

❶ （英）吉伯德（Gibberd, F.）. 市镇设计 [M]. 程里尧，译 . 北京：中国建筑工业出版社，1983.

❷ （美）西蒙兹（Simonds, J.O.）. 大地景观 环境规划指南 [M]. 程里尧，译 . 北京：中国建筑工业出版社，1990.

❸ （美）墨菲 . 文化与社会人类学引论 [M]. 王卓君，译 . 北京：商务印书馆，2009.

及调节着一切社会科学。"❶《大英百科全书》认为，文化是"总体的人类社会遗产"，"是一种源于历史的生活结构的体系，这种体系往往为集团和成员所共有，它包括语言、传统、习惯和制度，包括有激励作用的思想、信仰和价值，以及它们在物质工具和创造物中的体现"。

城市景观从表象上看，是物质实体与空间，但与人们的精神世界是联结在一起、密不可分的。城市景观既反映了人类最基本的追求，如衣食住行等方面的差异，同时也反映了人们利用自然、改造自然的态度差异，更反映了人们价值观念、思维方式等的不同。从本质而论，城市景观是物化了的精神，它始终附着在知识、观念与艺术之上，是一定社会的政治和经济在观念形态上的反映。也就是说，城市景观是人类精神对自然的加工，是人类社会组织制度、人们的价值观念、思维方式的载体。它的意义主要是指包含在实体空间中的一套抽象的概念和关系、价值和功能等，而非物质实体与空间本身，物质实体与空间只是表征。城市景观的深层蕴涵着一个理念世界，是一种精神世界的产物，是一种精神活动的过程与结果，是一种精神的体现和象征，它记载了一个时代的历史，反映了一个社会跳动的脉搏。

城市是人类文化的创造物。刘易斯·芒福德认为，"城市文化归根到底是人类文化的高级体现"，"人类所有伟大的文化都是由城市产生的"，"世界史就是人类的城市时代史"❷。而且，城市也是区域文化集中的代表。在中国，谈起京派文化，人们就会想起北京，谈起海派文化就会想起上海，谈起岭南文化就会想起广州，意义就在其中。对此，刘易斯·芒福德有过精辟的论述："城市是时间的产物，在城市中，时间变成了可见的东西，时间结构上的多样性，使城市部分避免了当前的单一刻板管理，以及仅仅重复过去的一种韵律而导致的未来的单调。通过时间和空间的复杂融合，城市生活就像劳动分工一样具有了交响曲的特征：各色各样的人才，各色各样的乐器，形成了宏伟的效果，无论在音量上还是音色上都是任何单一乐器无法实现的。"❸由此可见，城市景观具有文化内涵。

3.城市景观的社会性

城市景观环境是满足人们的需要而产生的，它不仅满足人们的生理需要，而且

❶ 周蔚，徐克谦，译著.人类文化启示录——20世纪文化人类学的理论与成果[M].上海：学林出版社，1999.

❷ （德）施本格勒（Spenglar, O.）.西方的没落[M].花永年，译.杭州：浙江人民出版社，1989.

❸ （美）刘易斯·芒福德.城市发展史——起源、演变和前景[M].倪文彦，宋俊岭，译.北京：中国建筑工业出版社，1989.

更要满足人们的社会需要。因此，城市景观具有深刻的社会内涵。美国著名的人本主义心理学家马斯洛有一个经典的"需要五层次"理论，即人的需要包括五个层次，生理需要、安全需要、归属与爱的需要、尊重的需要、自我实现的需要。这五个层次由低至高排列，通常而论，人们只有在大部分满足了低一级层次的需要之后，才能产生上一层次的需要。城市景观环境与人的这五种需要是息息相关的。

除了与生理需要密切相关，城市景观环境的设置还与包括人们交往方式在内的社会需要相吻合，否则就会产生问题。1954年，美国圣路易斯中心的普鲁伊特——艾格尔住宅区，本来是为低收入者所建，设计者的出发点是为他们创造更好的物质环境，事实上这方面的努力也成功了。但出乎设计者意料的是，几年之后，这里却被破坏得一塌糊涂，而且治安也变得非常差。在一次又一次的改建失败后，当局不得不炸毁了住宅区的大部分，而这一举动却赢得了居民们的一片欢呼。这次事件发人深思，研究表明，空间设置与社会文化因素严重脱节，是导致住宅区建设失败的重要原因。在低收入者聚居的邻里单位中，社会网络起着关键的作用。美国下层居民尤其喜欢非正规的空间，在住宅的户外街道、低层住宅的门前、狭窄巷道的交叉口及杂货店的空地上，进行无拘无束的聚集与交往。新住宅区尽管齐整、秩序性强和设施卫生条件较好，却没有产生社会网络的空间基础，失败也就在所难免。

意大利著名建筑师布鲁诺·赛维说："尽管我们可能忽视空间，空间却影响着我们，并控制着我们的精神活动；我们从建筑中获得美感……这种美感大部分是从空间中产生出来的。"❶实际上，何止是美感，人的一系列心理活动，如知觉、认识、安全感、归属感、舒适感、孤独感等，都与城市景观息息相关。

在一个好的景观环境中，人本能地会产生一种愉悦感，当置身于较差的景观环境中时，人立刻会产生一种厌恶感，进而不愿意在这样的空间中逗留，因此，景观环境与人的心理是息息相关的。

4.城市景观的美学性

追求美是人类的天性，在人类历史上，人们在塑造景观的过程中，不仅追求功用性，同时也在孜孜不倦地追求美，这是一个不能截然分开的统一过程。景观的美学性不仅体现在如何设计一个建筑物，同时也体现在如何将众多的构筑物按一定原则组织起来。整体空间组织是一个非常重要的问题，要比单个构筑物的建设更为重要，亚里士多德曾经论述："美与不美，艺术作品与现实事物，分别就在于美的东西

---

❶ （意）布鲁诺·赛维（Bruno Zevi）.建筑空间论——如何品评建筑[M].张似赞,译.北京：中国建筑工业出版社，2006.

和艺术作品里，原来零散的因素结合成为一体。"[1]城市景观构建过程中，必然涉及构筑物的尺度、色彩、比例、装饰等问题，涉及不同构筑物之间的搭配问题、整个空间的布局问题，构筑物之间的节奏与韵律问题等，这些都是美学的范畴，因此，景观的塑造与空间美学息息相关。

第二节　城市景观的文化内涵

城市景观不仅仅是空间与实体，更是一种文化，空间与实体背后渗透着一种精神上的底蕴。

一、城市景观的文化解释

关于城市景观，不少思想家与学者从文化的角度进行了阐释，其中比较著名的有挪威建筑师诺伯尔·舒尔茨的"场所精神"理论、日本建筑师黑川纪章"新陈代谢城市"理论与"共生城市"理论、美国凯文·林奇的"城市意象"理论，以及美国克里斯托弗·亚历山大的"模式语言"理论。

（一）"场所精神"理论

"场所精神"理论是由挪威著名建筑师诺伯尔·舒尔茨提出的。1980 年，他在出版的名著《场所精神——走向建筑的现象学》一书中正式提出了这一名词。其实，在他前后相关的一些著作中，如《建筑中的意象》《存在·建筑·空间》中，诺伯尔·舒尔茨也做过相关的论述。舒尔茨认为，每一个建筑就是一个场所，城市和城镇则由一系列的场所集合而成，每一个场所都应包含两部分，一部分是场所的结构，二部分是场所的精神，二者是统一的。即任何场所都是场所结构与场所精神、主观与客观的统一体。[2]

关于场所结构，舒尔茨认为应从景观和聚落两方面去描述，而景观和聚落又可以用"空间"和"特征"两个概念加以论述。关于"空间"这一概念，建筑界有不少说法，经常使用的是三维的几何空间及知觉空间，但是舒尔茨对此并不满意。他定义的空间是具体空间，即容纳人们日常生活和经历的三维整体。他认为，几何空

❶　朱光潜 . 西方美学史 [M]. 南京：江苏文艺出版社，2008.

❷　（挪威）诺伯格·舒尔兹（Norberg-Schulz, C.）. 存在空间建筑 [M]. 尹培桐，译 . 北京：中国建筑工业出版社，1990.

间与知觉空间是从具体空间中抽象而来的，真实的、具体的人类行为不会发生在抽象的空间中，而是发生在具体的、有特性的空间中。

关于特征，一方面意味着普遍、全面、综合、整体的气氛，另一方面是具体的、实在的形式和限定空间元素的实质。从历史发展的角度来看，场所的结构既具有稳定性，又会发展变化。

场所精神与场所结构是密切相关的，但它比空间和特征有着更加广泛和深刻的内容与意义。如果说空间和特征与人的感觉有关，那么场所精神则与意义有关。意义也就是其存在的意义，并不是强加在人们生活上的附属品，而是人们日常生活内部的，包含空间和时间过程中不变的、可以认知的成分。它使身在场所中的人能理解具体的空间与特征，并且产生一种归属感与认同感。

按舒尔茨的说法，场所精神早在古罗马时代就已存在，它源自古罗马人对场所守护神的信仰。在罗马，场所不分大小，均有自己的守护神，是守护神赋予场所以及生活在场所里的人们以生命和活力，伴随他们从生到死并决定他们的特征和本质。

场所精神与场所的外显结构是一个统一的整体。一方面，场所的内涵精神决定了场所的外显形态空间和特征。建筑就是场所精神的具体化，不同的建筑要适合不同的生活方式、行为模式与社会文化价值观，而成为不同的人类活动所在地，使家、学校、广场及街道各自具有不同的品格；另一方面，场所的外显特征也在一定程度上影响着场所的精神内涵，正像美国建筑师文丘里所说的那样，"建筑的基本目的是去围合空间，形成'场所'，而并非仅仅去追求空间的导向。设计离不开艺术活动，艺术形式总是为一定的精神活动服务的，如果离开了意义表达，那么一切都流于空谈"❶。

人们生活在一定的场所之中，对场所的需求是多方面的，而场所精神能带给人们一种精神满足。正如舒尔茨所说"对场所的需求有不同的特质，以符合不同的文化传统与环境条件"❷。他认为建筑的目的就是使其从场址变为场所，即从给定的环境中提示其潜在意义，这种潜在意义应当从社会文化、历史事件、地域条件或人的活动中去寻找。

舒尔茨指出，场所精神与历史文化传统关联极大。一些历史文化名城中饱含着场所精神，因而能够使居留者产生心理上的安定感与满足感。场所在历史中形成，

---

❶ （美）文丘里.建筑的复杂性与矛盾性[M].北京：知识产权出版社，2006.

❷ （挪威）诺伯格·舒尔兹（Norberg-Schulz, C.）.存在空间建筑[M].尹培桐，译.北京：中国建筑工业出版社，1990.

又在历史中发展。新的历史条件可能引起场所结构发生变化，但这并不意味着场所精神的丧失，场所精神的变化是一个相对缓慢的过程，而场所结构的变化相对而言较快，这一组矛盾是每一个城市设计者都必须考虑的因素。"如果事物变化太快，历史就变得难以定形，因此，人们为了发展自身，发展他们的社会生活和变化，就需要一种相对稳定的场所体系。"❶

保持一个建筑与城市的场所精神，可以用设计的手段来实现。舒尔茨认为，场所与功能的变化不矛盾，一方面，任何场所都具有接受"异质"内容的能力，一种仅能适合一种特殊目的的场所很快就将成为无用的场所；另一方面，一个场所可以用多种方式来解释，保护和保存精神意味着在某种新的历史阶段内将场所和本质具体化。这也就意味着，尊重场所精神并不一定要墨守成规、一成不变，变化与保持是辩证统一的过程。尊重场所精神不只是抄袭旧有模式或形式，将场所冻结，而是要找出场所精神的内涵，加以继承，把这种内涵与现代生活结合起来，用新的方式加以阐释。变异是一个肯定的过程，关键是找出新旧二者的关联，这样场所精神才不至于丧失。

（二）"新陈代谢城市"理论与"共生城市"理论

日本的"新陈代谢城市"理论与"共生城市"理论是相继出现的，是相辅相成、相互涵盖的建筑与城市设计理论，也是对城市景观的一种文化阐释。

1."新陈代谢城市"理论

1960 年，在东京设计会议上，日本建筑师黑川纪章、菊竹清训等提出了"新陈代谢城市论"。新陈代谢城市的出发点是基于对现代建筑理论尤其是对功能主义的反叛，它的目的就是在建筑和设计领域内，在以西欧文化为唯一标准而发展起来的现代建筑中，引入多元的文化价值观，把当代的科技发展与日本的传统结合起来。这几位建筑师认为，建筑和城市有如生物有机体一样，不是静止的，而是一个新陈代谢的过程，一切事物经过内部的新旧斗争，必然导致新事物取代旧事物的过程，这是不可抗拒的规律。人类不仅可以自然地承受新陈代谢的过程，而且还可以积极地去促进它。但这种新陈代谢并不是一个完全以新代旧的过程，他们主张在城市中引入时间因素，明确各个要素的周期，在周期长的因素上加上可动的、周期短的因素，这样的城市才是真正意义上的"新陈代谢城市"。"新陈代谢"的第一原则是历时性，即不同时期的共生与生命经历的过程与发展，建筑物在建造时并不是完全固定的，

---

❶　（挪威）诺伯格·舒尔兹（Norberg-Schulz, C.）. 存在空间建筑 [M]. 尹培桐，译 . 北京：中国建筑工业出版社，1990.

而是作为从过去到现在，再向未来发展的实体表现。如果过去、现在、未来变化的过程用另一种方式表现出来的话，就是使过去时间、现在时间和未来时间共生，因此"新陈代谢"理论中包含有"共生"理论。

2."共生城市"理论

"共生城市"理论的代表人是日本的建筑师黑川纪章，他也是"新陈代谢"理论的倡导人之一。如上所述，其实在"新陈代谢"理论中就含有"共生"的思想。针对城市建设中时常发生矛盾的技术与文化问题，黑川纪章积极倡导先进技术的使用。他认为，技术一旦与文化、与传统割裂就不再有意义，技术的转换需要一定的前提条件，需要与地区相适应，与习俗相适应，如果将属于某种特定文化的技术引进到具有截然不同的生活方式的文化之中，往往难以保证这种技术有牢固的基础。他以生物界中物种多样为出发点，指出物种多样性是自然界的进化之路，而文化多元性是人类社会的进化之路。

黑川"共生城市"理论的一个最重要的组成部分，是历史与现在的共生。要实现历史与现实的共生，必须处理好城市部分与整体、建筑外部与内部、建筑与环境、技术与人之间、建筑感性与理性之间及城市不同文化之间的关系。而且，历史与现实的共生，必须在城市的"新陈代谢"过程中实现，即首先要承认城市是一个不断发展、不断更新的过程。在这种前提下，把时间周期短的因素与时间周期长的因素相结合，即将现代科技与日本的传统文化相结合。这不仅仅反映在理论认识上，在实践中黑川也是这样做的。在建筑方面，黑川先生采取多种手法使现代科技与日本传统文化相结合，他采用传统的外观，结合新的技术与新的材料；或者将传统的符号加以提炼，如柱、天花板、墙壁、窗户等，把它们配置于现代建筑之中。

总之，这两个理论是相辅相成的。一方面，"新陈代谢"理论认为城市是一个不断更新的、发展的过程，但这个过程不是一个新旧绝对对立的过程，而是一个新旧共生的、循序渐进的过程；另一方面，"共生"理论认为城市是一个共生的空间，但这个空间绝不是静态空间，而是时时刻刻不断地在进行"新陈代谢"，在这个过程中，城市的新旧元素实现着共生与协调。这两个理论，对城市文化的精髓——历史遗迹的保护起到了很重要的指导作用，城市历史遗迹的保护过程，实际就是"新陈代谢"过程与"共生"状态的辩证统一。因此，在历史遗迹的保护与设计中，必须分析出周期长的因素与周期短的因素，把这二者相结合，从而创造出一个新旧和谐的城市形体环境与景观。

（三）"城市意象"理论

凯文·林奇，美国建筑师，1960年出版了《城市的印象》（又名《城市意象》），这本书被认为是战后最重要的建筑理论书籍之一。在这本书中，他提出了"城市意象"理论，开辟了从居民的心理学角度与环境体验角度来探索城市设计的新思路。

"意象"是人们对所处的环境根据过去的感受式体验而产生的心理形象。心理学家的研究表明，人类对外部环境所产生的心理形象是根据感应、经验、回忆而获得的，是居民头脑中的主观环境空间。这种心理形象对于人类对其所在环境产生安全感、空间感及认同感极为重要。"城市意象"是居民头脑中对城市的主观形象，它是城市公众对城市环境主观形象的叠加。凯文·林奇认为"虽然每个城市中的居民对城市感应不同，但任何一个城市几乎都有一个共同的印象，它是由许多个别的意象重叠而成"[1]。为了证明其理论，凯文·林奇选择了波士顿、纽约及洛杉矶作为实验对象。在采访和收集资料的基础上，凯文·林奇着重研究以下细节：每个城市对居民的象征性意义；人们从家到工作地点的方向，以及对这一段路程上有什么感觉；该城市有什么特色的要素。另外，凯文·林奇还从市民中找出一群人，要求他们从照片上识别这些地方，他还探问他们所在的位置和看到的东西。

采用这种方法，凯文·林奇得出了著名的城市空间形象"五要素理论"[2]：

一是通道。按凯文·林奇的说法，"通道是观察者经常、偶然或可能沿着它走动的途径"。通道是每个人所熟知的，包括街道、公路、河流及运河，它们是城市布局的基本因素，城市中的其他因素主要通过它们而组织布局。

二是界线（边缘）。"界线是不用作或不视为通道的线条部分……它们是界面之间的分界线，连续线条的中断点：海岸、铁路交叉点、开发区的界线、墙壁……这种界线也许是把一个地区和另一个地区隔开的、在某种程度上可以超越的障碍；也许是两个相互连接在一起的地区的结合处或界线"[3]。界线的作用是把城市划分成不同的区域，同时也帮助居民形成对城市的整体观念。

三是区域。"区域是城市中一片中型到大型的地段……观察者心理上可以进入的，具有某种共同和一致特征的'二度空间'。"[4]区域的划分有多种方法，有物理意义上的，如建筑物的不同风格；有社会学意义上的，如土地的不同使用功能；有心理学意义上的，如所在居民的不同类型。区域是城市中的控制性因素。

四是节点。凯文·林奇给节点下的定义是："一些点，观察者可以进入的城市的

❶ （美）林奇(Lynch, K.). 城市的印象 [M]. 项秉仁，译. 北京：中国建筑工业出版社，1990.

❷ 同上.

❸ 季富政. 新视野中的乡土建筑 [M]. 哈尔滨：哈尔滨工程大学出版社，2008:110-111.

❹ 季富政. 新视野中的乡土建筑 [M]. 哈尔滨：哈尔滨工程大学出版社，2008:111.

战略要地，是他往返走动的集结点。它们可能主要是接合点、运输的暂停处、通道的交叉点或会聚点。或者说，节点可能是事情、活动和场所集中的地方，象征着一个场所的一种核心。"❶

五是标志物。标志物是这样被凯文·林奇所定义的："它们的主要物理特性……是单一性，某一方面是独特的或在上下关系中容易记忆的。标志物会变得更易于识别，更可能被选作有影响的标志，如果它们有清晰的形式；如果它们与背景形成对照；以及有突出的空间位置。形体上的对照几乎是主要因素。"❷对于一些明显的标志物，如华盛顿纪念碑、比萨斜塔，人们可能都已经熟知，但标志物也有一些地方性的与小型的，如城市广场上的一座雕塑等。

凯文·林奇认为，虽然分散定义，但实际上这五种要素是作为一个整体而有助于人们形成对城市的意象的。它们并入一个整体，合在一起，提供一种对环境的统一感觉。而且，这五个要素是可以相互转换的，如一个环形交叉口既可以作为一个标志物，也可以是一个节点，还可以作为一个通道；一个节点同时也可以是一个区域，关键是我们树立什么样的图底关系。

凯文·林奇的城市空间形象五要素的理论，为城市景观形象设计提供了理论基础。城市空间形象的设计，实际上就是处理通道、界线、区域、节点、标志物关系的综合过程，这个过程与文化是息息相关的。因为城市意象是主观方面的东西，取决于个人的观念以及对城市的理解，自然与历史和文化因素密不可分。芬兰的萨里南所做的一次实验就充分说明了这一点。他让来自美国、加拿大、芬兰和塞拉里昂的学生都画世界地图，结果他发现，每个学生都把自己的祖国画在了地图的中央，此试验说明了文化因素对城市意象的影响较大。尤其是历史文化，对居民形成城市意象的作用是比较突出的。

在我国不少城市中，文化尤其是历史文化在城市意象中占据了重要地位。例如，北京市的城市意象中，天坛、鼓楼等历史环境的认同率是较高的；武汉的城市意象中，历史建筑黄鹤楼，在象征与值得自豪的地点、推荐参观的地点等的统计中，其统计数字都是最高的。这些都与文化因素有着不可分割的关系。

（四）"模式语言"理论

克里斯托弗·亚历山大，美国著名建筑师，一生有很多著作，在《形式合成纲要》（1964 年）、《建筑的永恒之路》（1979 年）、《城市并非树形》及《模式语言》

---

❶ 季富政．新视野中的乡土建筑 [M]．哈尔滨：哈尔滨工程大学出版社，2008:111.

❷ 同上．

（1977年）等著述中，亚历山大阐述了他的"模式语言"理论。

亚历山大认为，城市是一个系统，这个系统是复杂的，而且随时间的推移，会日益复杂。建筑与城市的复杂性还在于，建筑和城市的产生就像是生命的过程一样，其规则来自自身，而不是别的，场所不只是几何学的东西，而是生命与精神的体现。因此，必须以系统论看待城市，把城市当作一个活的体系，才能取得良好的设计效果。

亚历山大认为，在城市景观规划设计中，文化因素十分重要，文化因素限定了空间，也限定了空间事件的模式，他认为，同一空间元素在不同的文化背景下所容纳的事件模式不同，即意义不同。事件的模式（意义）与空间中的几何模式是互相关联的，共同组成建筑的模式语言。建筑和城市的模式语言是由事件的模式决定的，它们是形成一座建筑或城市的原子与分子。建筑物或城市，可能是死气沉沉的，也可能是充满活力的，关键是事件模式是怎样的。亚历山大认为，模式语言的建立与使用，有赖于对人的行为、活动和场所的调查，有赖于对传统文化的观察与分析，也有赖于公众的参与。

亚历山大还以历史作为参照，他将文化分成两种，把原始朴素的文化称为自然文化，而把现代文化称为人为文化。在自然文化中，人直接参与建筑的建造，可以将自己的意愿表达在建筑物中，人与建筑形式之间有着密切的关系，建筑语言模式是有活力的。而且人与建筑的直接联系，可以使人对不尽如人意的环节，不断地加以改进，人与建筑之间总是可以保持动态的平衡。而在人为文化中，这种平衡消失了，建筑师设计房屋，而建筑师与民众之间的模式语言是不同的，人与建筑形式之间的联系变成了间接的，而且现代社会的发展日新月异，在自然过程中发生的那种稳定性消失了。他认为，在我们的文明当中，这种在自然文化中曾见到的择优和调整过程已经严重消失了，昔日允许有充分时间改变缓慢的文化，现在发展得如此迅速以至于调整不能与之并驾齐驱。当一个调整刚刚开始，文化已经先行一步了，并且使调整又朝着一个新的方向，没有一个调整是完整的。因此，他认为，人造城市中总缺少一些必不可少的成分，同那些充满情趣的古城（自然城市）相比，我们现代人为创造城市的尝试，从人性的角度讲是完全失败的。

针对现代城市单调乏味的状况，亚历山大认为单纯从形式变化去设计建筑将导致失败，建筑设计应当满足人们的活动与心理需要。他主张建筑设计应增加一点特色来达到这个目的，而这种特色来自公众。特色建筑不是盲目去建，而是按照一定的模式，即模式语言去建。模式语言与人们的行为相对应，是自然关系的抽象，每个模式都是为了解决在设计中反复出现的某个社会、心理或技术问题。亚历山大的模式是用语言来描写与活动一致的场所形态，它并没有给出具体答案，而只是提供了一种结构关系。每个模式由三个明确定义的部分组成：一是联系，用来说明一组环境状态，如一个居住环境；二是问题，用以表明客观需求的复杂性，它出现在给定的环境中；三是解决，用以表明该部分的空间安排，这种安排可以解决存在的问题。

亚历山大在《模式语言》一书中，一共提出了235条模式。这些模式按顺序排列，先是区域、城市、邻里、住宅群较大的模式，然后是住宅、房间等较小的模式，最后是细部构造最小的模式。模式有大有小，亚历山大将之分成三组，分别是城镇模式、建筑物模式和建造模式。每一种模式都有助于完善它前面更大的模式，同时被它后面较小的模式所充实。没有一种模式是孤立存在的，形成了一个有机整体，构成了一个网络。描写建筑元素如"主要入口"；花园座椅建筑特征如"正室外房间""安静的环境"；人的活动如"自由群组""公共进餐"等。每一个模式就是一个场，是一组不固定的关系。每个人运用这些模式进行设计的情况不一样，可以产生无数不同的形式。以语言学类比，这235条模式其实是建筑创作中的常用词汇。他提出这些模式，并不是要求人们怎么去做，而是告诉人们怎么去思考问题，怎么去创作。

这些模式是对传统建筑创造过程的总结，既符合人类文化共性，同时也为文化的个性创作提供了条件。尽管这些模式没有涉及经济问题，因此多多少少带有"乌托邦"的嫌疑，但仍然具有极高的理论与实践应用价值。

二、城市景观的文化体现

城市是一个有生命力的有机组织，是一个以人类活动为中心的生态系统。城市承载着人们社会文化生活和日常工作的功能，满足着人们日益增长的物质和精神文化的需求。人们对景观有一种精神上的追求，借助景观造型、色彩、肌理、材料及空间表述某种特定的精神含义和文化寓意，渲染某种特定的气氛，如历史文化感、积极向上的精神、民族文化的表现、宗教气氛的渲染。城市文化是城市景观的内涵，城市景观是城市文化的外在显现。城市景观的设计是物质和精神的统一体，优秀的城市景观必然会反映出以人为本、尊重人性的人文思想，充分肯定人的行为及价值。

有什么样的世界观、价值观、伦理道德观，就有什么样的城市景观。在我国以君权为核心的封建时代，便有了中轴线结构的帝王故都；西方以神权为核心的中世纪社会里，教堂大行其道；以科技为核心的工业时代，方格子建筑充斥着人们的眼球。可以说，城市景观是人类的爱与恨、欲望与梦想在自然中的投影，是人们实现梦想的途径。

城市景观属于人工自然，从来就是文化载体，它要求一种贯穿历史、体现时代文化、具有较高审美价值的精神产品，而不是独立于人之外的自然。在城市景观设计中，无论是区域景观、广场景观、街区，还是园林的规划和改造中，都要考虑城市整体的环境构架，研究城市的历史文化、地域风俗，要依据实际情况，尊重当地习俗文化，要把城市作为一个整体景观来进行设计。城市景观的设计，大到高楼大厦、城市广场，小到雕塑、喷泉、路灯、花圃，无不体现了设计者的文化追求和艺术修养，以及整个城市的文化品位和认知水平。动人的城市景观应是自然美感和人文蕴涵的结合。从不同时期、不同人文背景下城市景观的变化，可以发现设计理念的不断演变，而体现在城市景观中的不同文化类型，正说明了城市景观的设计应尊重文化。唯有如此，景观才能与周围的环境相互协调，形成统一的集合体，起到美化城市、树立城市形象的重要作用。

城市景观象征着丰富的文化和社会意义，是构成城市文化的一个必要条件，也是决定城市外在品位的显性标识。从古代城市建筑到现代城市景观积淀下来的城市文化十分丰富，特别是那些标志性景观建筑和堪称"文物古迹"的历史遗迹，如城市中的一段古城墙、一座古桥、一个古寺庙等，都是城市的记忆，无不具有极其丰富的历史文化内涵，给人以教育、启迪或享受。城市景观的每一个特征，无论突出与否，都已经和这样那样的文化发生了关联。当人们在欣赏评价城市景观时，有形的景观外表可以给人以视觉享受和美感，但深层次的文化解读，更能使人领会到设计者的匠心独具和城市景观的本质意义。解读城市景观就是要求观察者去发现甚至赋予城市景观以意义，比如城市里来来往往的人群，一种流动的形态，反映出了一个整体而特别的城市景观。人文思想的体现已成为时代文化的核心。因此，评价一项城市景观设计的优劣，体察蕴涵其中的文化特性是必不可少的一个方面。

城市景观的文化属性主要体现在：

（一）城市景观的文化差异性

文化差异性是指不同民族、不同国家、不同地域之间在文化上的差异。由于历史、地理、语言、传统、宗教等因素，致使人类在风俗、信仰和行为上彼此存在分歧，从而形成了各自独特的文化，不同文化体系下的价值体系决定了人们对于社会、自然的不同看法，人类按照各自不同的价值观去改造世界，赋予自然以文化意义，因此形成了千姿百态的大地景观。

不同的城市具有不同的文化特征，城市景观因其地域特征、时代特点、民族精神的不同而体现出不同的文化属性。

1.地域性

由于地理位置、自然环境等空间特征的不同，使得城市形成了与生俱来、与众不同的地域特色，在人类长期的社会发展活动中产生了具有区域特征的文化现象。每个城市都有其特殊的性格、形象和风貌，景观的设计始终应在地区性的文脉关系中进行，许多地区具有明确的经济、社会、文化和环境的功能，只有了解了这些与当地生活相关的功能，才能设计出符合地域特征的城市景观，这也是景观构思、规划设计的依据。

2.历史性

在城市漫长的历史演变和发展过程中，城市和人类共同造就了反映城市特征的城市历史文化，每个历史时代都在城市中留下了自己的痕迹，由此人们按照各自不同的历史背景和人文传统建造城市景观，城市景观便成了直观而立体的突显城市形象和气质的显性标志及感性认知对象。城市景观的这一特性体现了时间和空间的跨度。

每一个国家和民族、每一种文化都有自身深远的历史渊源，在不同的历史时期，在继承传统文化的同时，每一种文化都可能遭受现实文化的影响和渗透，形成新的文化集合形式，表现出新的文化内容，因而景观设计应该体现历史的传承性和时代的更新性。

3.民族性

人们在长期的与自然斗争的过程中，逐步形成共同的语言、共同的生活习俗。民族是早期人类在长期的生存斗争中出于对集体力量凝集的需要，以血缘、亲缘、宗教、地域等各种复杂因素为基础，构成较为固定的、随血脉代代相传的人群集合体。各族血缘的归属感、维护感、认知感等形成了各个民族特有的风俗习惯，体现在景观设计中便是民居建筑、庆典和祭礼场所等的不同风格特征。民风民俗是民族文化的重要组成部分，一方水土养一方人，也造就一方景观。

（二）城市景观的文化多元性

当今社会已经进入了一个文化多元主义的时代，这既是一种语境，又是一种氛围。在这一语境下，人与人之间的接触日益增多，仿佛身处在一个硕大无垠的"地球村"，在地球村里，有众多的民族、众多的文化和文明，大家都意识到各自的及对方文化的优劣长短及差异，互相取长补短，使得文化呈现出多元化的特征。也正是因为有多种文化的存在，才能使世界变得丰富多彩而不至于变成一个乏味、单调的世界。

文化多元性在现实物质世界里有许多表现形式，城市景观便是其中之一。城市景观文化的多元性形成因素有很多，表现在当代社会，由于经济的全球一体化导致各国联系的日益加强，推动了本国与他国之间的文化交流，城市在原有传统文化基础上不断吸收、融合外来文化，不断积淀和发展形成了新的多元文化集合形式。作为城市物质载体的城市景观也体现出多元文化的特征，成为城市发展中重要的时间和文化坐标，有些城市景观还是多种文化交流的历史见证。除了这些以外，城市景观本身多元性还包括与设计相关的自然和社会因素、设计目的和主要方法的多样以及设计实施技术方面的多样性。城市景观的文化多元性主要表现在：① 本土文化与外来文化的并存；② 主流文化与个性文化的并存；③ 传统文化与时尚文化的并存。

社会因素也是造成景观多元性的主要原因之一。为什么社会群体服务是景观设计中需要考虑的重要因素。人们对景观开发空间、使用目的、文化内涵的需要的不同会影响景观设计形式中诸多元素的改变。考虑到满足不同年龄、不同受教育程度和从事不同职业的人们对景观环境的感受不同，景观设计必然会呈现多元性的特点。

（三）城市景观的文化生态性

人类的一切创造活动都以自然界为基础，以自然界为对象。因此包括人类所有创造活动的文化，都与自然界有着千丝万缕的联系。人类对环境的利用和影响是通过文化的作用来实现的。人与自然之间，通过物质、能量、信息的流通、转换进行文化创造活动，人类的活动和自然界形成了一个和谐的文化生态系统。所以，文化生态性指的是自然环境与人类文化之间相互作用的关系和性质。

在城市中，通常可以看到建筑的周围有抽象的人工雕塑、挺拔的树木、潺潺的流水、开阔的草坪，草坪上奔跑的孩子在嬉戏，整个景观给人的感觉是人与自然的和谐共处。其实，城市景观就是自然资源与人文特色结合的产物。城市景观的建造要依赖于众多的自然条件，如大地、水、气候等自然环境；同样，自然景观在转变为文化景观的过程中，不仅有物质文明的渗透，也有人类精神文明的进步。自然资源表现了城市景观的生态现状，增加了景观自身的美感和可欣赏性；人文特色反映了景观设计的依据和深层次的文化内涵，城市景观的发展方向既受制于自然规律，又受制于各种社会制度下人类对自然界利用、改造的程度和方式。自然资源和人文特色的有效融合体现了城市景观的最终表现力。因此，对这类城市景观的设计必须建立在两者相互关联和相互借鉴的基础之上。

（四）城市景观的文化融合性

18 世纪 70 年代以后，欧洲的技术文明向其他地区传播。技术不再像工业时代以前各文明社会中那样作为一种工具发挥作用，而是成了组织一切活动的方式。这种方式竭力把一切活动技术化、条理化，把技术扩散到整个文化中去。欧洲的兴起将整个地球变成了人类的资源和一个相互联系的系统，促进了 19 世纪文化融合的趋势的出现，这种趋势在 20 世纪后大大加强。纵观各大城市在这一时期的演变，人类开始着力构建一个结构复杂、规模宏大的工业化和城市化社会，导致人们在诸多方面的共同之处比差异性要多，这种趋同的态势变得极为普遍。文化融合的另外一个原因是全球联系的建立。虽然殖民时代仅仅是人类漫长历史中的一段插曲，但它却使世界范围的文化扩散得到前所未有的发展。由于文化接触的结果，一个地区的文化在与其他地区的文化接触中，必然会受到它们的影响，从而接受它们的一部分文化，与本土文化相互融合形成一种新的文化，整个世界便成了文化的综合体。

城市景观也是如此。由于技术的传播和全球联系的建立，各个民族在继承本族文化的同时，又借用和吸收其他民族的文化，按照时间序列在特定的区域不断地融合沉积，形成多层文化叠置的、具有多重文化属性和特征的文化景观。人们看到的城市景观中，既有鲜明的地方特色，又有外来文化的烙印。如许多殖民地和半殖民地国家的城市景观往往既带有当地文化的特色，又带有帝国主义国家文化的色彩。在新时期，人们设计城市景观在考虑地区文脉的同时，兼取外来文化的精华，将两者加以有机结合，从而建造出具有文化融合特征的城市景观。

第三节　城市景观文化的类型与建设

一、城市文化景观分类

景观作为城市文化发展过程中的基本单元，以其参与性和体验性功能发挥着社会、经济等层面的效益。在城市的发展实践中，注重发挥景观在城市文化形象塑造方面的作用，以风貌、环境、文化为核心要素，加强城市景观和建筑风格设计，构建特色鲜明的城市风格。在城市的发展过程中，根据其内容和形式的不同，城市文化景观大致可以划分为以下五种类型。

（一）建筑设施景观

建筑景观的出现源于人们对建筑设计越来越高的要求，使得建筑在充分发挥功能性作用的同时，兼具一定的审美性。审美性因素的渗入不仅改变了建筑单纯的实用性功能，也使得建筑本身具备了观赏性和艺术性，在某种情况下可以说，功能性是内容设计，而审美性则是形式设计。在当代都市国际化、现代化的历史进程中，随着城市文明水平的不断提高，城市建筑设计逐渐抛弃"只管经济、忽视适用、不敢谈美观"的认识，逐渐加强建筑功能性与审美性的融合。

以北京为例，从景观风格的发展变化来看，北京的建筑景观设计大致呈现出由坚持民族传统向谋求现代多元的发展趋势。具体体现为新中国成立后至 20 世纪 70 年代末的苏式建筑与民族形式融合的风格，以"国庆十大建筑"为代表；20 世纪 80 年代由于改革开放的推进，在景观设计上形成了偏重现代主义形式的建筑和现代主义与中国传统相融合的风格，前者以北京国际饭店、中国国际展览中心等为代表，后者以抗日战争纪念馆、北京图书馆新馆等为代表；20 世纪 90 年代在西风日劲的冲击下，出现了北京新世界中心、新东安市场等可以体现出民族传统、地方特色、时代精神的建筑；21 世纪后，风格多样化的建设设计风格进一步增强，既有后现代主义景观风格的建筑，如中央电视台新楼、传承传统风格的改建的前门大街，也有现代与传统融合的盘古大观等。建筑景观的多元化风格，体现出当代城市文化在现代化与国际化的发展过程中，日益走向开放与包容，这其中不仅仅是一个单向引进的过程，也有在实践中对各种风格景观不断的淘汰、吸收与融合。

（二）工业遗迹景观

工业化是我国城市化进程中的重要阶段。新中国成立后，出现了"以钢为纲"的工业化发展模式，通过在城市中兴建工矿企业，推动消费城市向生产城市转变，在工业化带动现代化的发展背景之下，"厂区、统一标准化的砖房以及兼有零售、服务和照明产业的商业街，它们共同组成了一个城市体系"❶。

但同时，城市的高污染、高耗能也成为城市发展不可忽视的因素。因此，在经由工业阶段向后工业阶段转型发展的过程中，工厂搬离后的厂房成为代表工业文明的一种遗迹。然而，现代创意给予了这些遗存以再生，在现代创意产业的参与和激发下，工业遗存转化为创意文化可以利用的文化资本，成为具有再生型经济价值的工业景观。在这类景观中，北京的 798 艺术区、上海的 8 号桥、广州的太古仓等作为承载着工业文明的景观遗迹，是经过创意改造后显示出在高端产业引领城市发展中的特有作用。"工业厂房转型创意工厂而非推墙倒院拆除工业建筑而后规划新建，在保护利用工业建筑的背后是一种建立在坚实物质基础上的文化觉醒。"❷这种觉醒不仅使得工业遗迹在新的时代条件下得以留存，而且作为一种空间载体具有新的功能和定位，集聚了艺术品交易、设计、出版、展示、演出等行业的大批工作室，作为创意的空间，这些工业遗产实现了当代艺术、建筑空间、创意产业与历史文脉及城市生活环境的

---

❶ （加）杰布·布鲁格曼. 城变：城市如何改变世界[M]. 北京：中国人民大学出版社，2011：138.

❷ 孔建华，杜蕊. 北京工业厂区的创意再生与世界城市的兴起（上）[J]. 艺术与投资，2010,(7)：26-28.

有机结合，重新焕发了老工业的生机，提升了区域的文化活力。

（三）文化遗产景观

文化遗产从概念上可以分为有形文化遗产与无形文化遗产，分别对应物质文化遗产和非物质文化遗产。在这里，文化遗产景观主要是指有形的物质文化遗产经过现代创意的开发，使其转化为一种可以创造价值的文化资本。在这一转化过程中，以旅游为代表的现代文化产业构成了主要的形式。故宫、颐和园、天坛等作为皇家建筑在面向现代化的转变与发展中，充分发挥其具有的休闲职能，参与到人们的观赏与体验中，向人们展示了其具有的艺术价值、审美价值和文化价值。古代文化遗产作为一种景观参与当代城市的文化生活，不仅是传承历史文化的有效形式，能够唤起市民的文化记忆，而且有助于构建适宜的人文环境、塑造良好的城市文化形象。

（四）城市商业景观

现代城市商业景观是社会化大生产以来，随着消费理念的逐步兴起而出现的。"景观使之可见的立即在场和不在场的世界，就是商品统治一切有生命之物的世界。"● 在商业景观中，它遵从于消费的逻辑，没有消费，就没有现代城市的商业性景观。

根据形态和类别的差异，大致可以将商业景观划分为富有景观性的商业街区和景观性的商业图景。前门大街、王府井、西单、东方新天地等商业性景观街区，由街区的商业店铺、建筑风貌及流动的人群构成，体现了现代商业与文化的融合发展。商业性的景观性图景包括散布在市内的巨幅广告、密集的商业宣传海报，以及各种对人们视觉能产生冲击的影像等，彰显着经济要素进入了图像的生产与消费之中，使得对图像的观看被整合进商业链的运作之中。在城市文化的发展中，城市商业景观不仅是现代都市时尚消费文化的直接体现，也拉动了城市的文化消费。如上海南京路代表了中国的商业形象，培育了悠久和优良的传统商业文化，是我国客流量最多的商业街区之一。

（五）生态自然景观

生态自然景观以天然或人为的环境为基础，经过现代文化创意的融入，成为包涵着生态、艺术、经济、人文等因素的事物或场域。从整体而言，生态自然景观在现代城市文化的发展中，占据着重要位置。从类别来看，城市生态自然景观包括以自然面貌为主要载体的天然景观和以园林为主要载体的再造景观。

天然景观，是以自然面貌或自然植物为主导，人们只是影响其局部的变化，而

● （法）居伊·德波.景观社会[M].王昭风，译.南京：南京大学出版社，2007:99.

并未在宏观上改变其面貌的景观，如分布在城市的各类公园、植物园。再造景观是以人工再造为主要形态的景观，表现为城市的各类园林，如北京的颐和园、苏州园林、广东四大园林等。这些园林一方面尽量摄取、利用、改造、融合自然界的一切美的因素；另一方面，又充分展示了人的创造才能，充满了诗情画意。在人造与自然的有机融合中，在园林空间的开敞与封闭中，园林景观追求景外之景、韵外之致，并由此实现境、情、境相统一。总体而言，生态自然景观在城市的发展过程中，作为一个具有复合型功能的系统，保护了生态环境，营造了多样的群落景观，对于缓解北京生态压力、改善北京生态环境、建设宜居绿色家园具有重要意义。

（六）赛事体育景观

赛事体育景观是以大型的体育赛事为载体，通过体育活动与标志性建筑、时尚的体育活动相结合的景观类型。赛事体育景观能够利用体育活动，借助新闻媒体信息传播，展示城市的文化影响力，具有高度的公共性、时尚性、集中性、融合性、联动性、地域性等特征，是现代城市高效扩大城市影响力的重要方式。如北京利用1990 年举办亚运会推进了北京在亚洲地区快速形成全方位、多层次、宽领域的对外开放格局，2008 年举办的北京奥运会成为"中国文化和北京形象走向世界的揭幕礼"和"城市发展历史进程中的重要里程碑"❶。可以说，各种赛事景观不仅丰富了城市的文化内涵、提升了城市的文化品质，也将作为特殊事件的赛事活动这种稀缺性的文化资源和人们的注意力统一起来，成为城市可持续发展的重要手段。

二、城市景观文化建设的重点

为了更好地发挥景观在城市文化建设中的功能，避免"奇奇怪怪"的建筑带来的视觉污染，提升景观在城市发展中的地位，景观文化建设应着力处理好以下三个方面的关系。

（一）注重景观对传统文化的吸收与传承

城市的发展有一定的历史文化基础，视觉时代里，城市的文化形象与塑造更加趋向于可视感更强的维度，但抛离城市所处的传统，一味追求"欧风""美风"，就会失去城市本身的文化性特征，形成身份的迷失。挖掘与吸收城市传统文化的内容，既是增强景观文化内涵的必要性方式，也是利用现代途径方式传承历史文脉，增强传统文化感知度的关键要素。例如，北京前门大街的改造在某种程度上遵循的正是这一原则，改造后的前门大街在形态上融合了现代建筑理念与传统的文化

---

❶　金元浦 . 北京，走向世界城市 [M]. 北京：北京科学技术出版社，2010：170.

底蕴，增强了传统文化对景观的内容性支撑，有助于加深这一景观在市民观赏中的印象。

（二）注重科技对景观的支撑作用

当代富有创意性的景观应有科技的支撑，技术的更新与应用为景观在内容和形式的多元性展示提供了可能。室外墙体景观是科技支撑下的重要景观形式，北京国贸蒂芙尼 3D 灯光秀、广州塔音乐灯光秀等是以一种极富创意巧思及视觉震撼力的方式，展示了现代科技对城市景观的创造。当代最为时尚的城市景观不是对"幼稚"模仿的回归，也不是对图像"在场"的玄学的死灰复燃，而是在新兴技术的支持下，以内容创意为核心的景观生产。可以说，以科技为依托的景观生产，在与现代创意充分融合的情况下，景观作为文化的一种高级形态，将进一步加强景观文化在城市发展中的引领性作用。由于科技对景观文化的支撑，景观所具有的视觉冲击力和由此而产生的震撼与快感，比其他类型的景观更加鲜明，这也为进一步发挥城市景观的娱乐和消费功能奠定了基础。

（三）注重景观与周围环境的协调一致

各种形态的景观在城市文化发展中的展现，说明景观能激发城市的文化活力和吸引力，同时，也难免造成景观的"混搭"，从而使得城市的视觉秩序混乱。如位于北京老城区的城市综合体——北京银河 SOHO 虽然荣获了国际大奖，但与周围的胡同、四合院等风格极不协调，引发争议。❶ 这种现象说明城市现代化的速度过快，在对西方建筑风格和景观设计的单纯引入时缺乏必要的沉淀，急于标明自己城市的国际化品格，从而使得城市成为西方先锋景观设计实验的场域。虽然在我国城市发展过程中，尤其是一些历史文化名城，出台了一些相关措施，如限高、风格协调等相关条款，但在执行中受到多方面的掣肘和限制，使得现代景观与传统景观之间距离隔离难以实现，造成了风格混搭的现状。因此，景观时代的城市建设，协调多种景观风格间的搭配，不仅是景观设计者应该考虑的，也是城市的管理者和经营者必须思考和解决的问题。

---

❶ 张蒙 . 公众对"视觉被暴力"说不 [N]. 中华建筑报，2013-01-15(013).

第四节　城市文化景观遗产保护

一、城市文化景观遗产概述

（一）城市文化景观遗产的概念

城市文化景观遗产的概念研究相对较迟。文化景观这一概念在文化地理学、景观生态学等学科中历史悠久并被广泛应用，但是成为世界遗产体系的一个类别则是20世纪90年代同历史街区、遗产运河、文化线路构成世界遗产的四种特殊类型。因而，作为文化景观遗产中的一个亚类，城市文化景观遗产出现得更晚。

由于东西方城市发展和文化景观遗产研究的差异，欧美国家对于城市文化景观遗产虽没有提出具体的概念定义，但是一直在建筑学、社会学、景观学等领域研究城市历史遗产。

20世纪以来，伴随着我国城市化进程的加快，大量的旧城改造、城镇化导致城市、城镇、城乡接合部的文化景观遗产遭到破坏，因而引发社会各界尤其是学术界的关注，把城市文化景观遗产作为一个单独的概念和对象进行研究。单霁翔把文化景观划分为城市类文化景观、乡村类文化景观、山水类文化景观、遗址类文化景观、宗教类文化景观、民俗类文化景观、产业类文化景观、军事类文化景观等八类，这八类文化景观也有对应的八类文化景观遗产类型。其中，他认为"城市类文化景观是城市独有的文化特色、精神特质、性质特征、区位特点的综合反映，是城市重要的无形资产，体现着城市的价值"❶。

2011年9月24日至25日，联合国教科文组织世界遗产中心、人民论坛杂志社、求是杂志社和杭州城市学研究理事会在杭州召开"首届城市学高层论坛"，会务组织的城市文化景观遗产保护分论坛聚焦西湖文化景观，深入研讨了城市文化景观遗产保护的有关问题，审议、通过了《城市文化景观遗产保护杭州宣言》，向全世界各城市倡议加强城市文化景观遗产研究与保护。会议提出：城市文化景观遗产是自然与人类的共同作品，是静态历史与活态文化的复合体，具有极高的文化、美学和社会价值。"城市文化景观遗产作为新型的世界遗产类别，突破了以往文化遗产的范畴，以更具生

---

❶　单霁翔. 走进文化景观遗产的世界 [M]. 天津：天津大学出版社，2010.

机的要素融合、更为复杂的文化内涵，在更大尺度的自然地理背景中拓展和延伸。"❶

由上述研究，我们可以定义城市文化景观遗产为"是城市发展进程中人类文化与自然景观相互影响、相互作用的结果，是自然和人文因素的复合体，反映人类和自然环境共同作用所展示出的多样性。它们既是城市发展历史的产物，又是城市历史的载体，反映了城市发展的过程中政治经济、文化艺术、科学技术、民俗风情等社会各方面的情况，它们存在于城市发展全过程，记载了城市历史发展中的各种信息"。

（二）城市文化景观遗产的特征

作为文化景观遗产的一个亚类，与城市的特性紧密关联，具有比较突出的城市性特点。可以这样说，在人类历史上，城市是人类干预自然最强烈的地方，是人类文化作用最密集的地方。从这个角度来看，城市文化景观遗产除了具备文化景观遗产的一般特征外，还具有自身的一些独特特征。

1. 城市地域性

城市文化景观遗产"是城市发展进程中人类文化与自然景观相互影响、相互作用的结果，是自然和人文因素的复合体"，特定城市的地域性是由自然环境和社会环境之间的差异形成的。不同城市的自然环境与社会环境差异导致居民生产、生活方式的差异，从而造成城市文化景观遗产的地域差异。

2. 历史传承性

城市文化景观遗产伴随着城市的产生而产生，贯穿于人类城市发展历史的始终。随着社会生产力的不断发展，社会发展的各个阶段都表现出时代特性，但同时也会扬弃前代的特征，其社会文化也会伴随着整个社会的发展不断延续。因此，城市文化景观遗产也会表现出类似的传承性特征。

3. 动态变异性

文化作为一种十分活跃的景观因子，在营造城市文化景观的过程中决定着景观的本土特色，同时自身又在不断地随着城市的更新、发展、流传涵化外来文化元素而变化，城市文化的这种融合性、涵化性使城市文化景观形态也处在一个不断的变化过程中，进而造就了各具特色的城市文化景观遗产。城市文化景观遗产的变异性是指城市文化景观遗产具有随时空条件的变化而改变的特性。每个城市文化景观遗产都是特定时代的产物，因此，它必然带有构建和生产它的那个时代的特点，同时

---

❶ 李明超.城市文化景观遗产保护的交流与探讨——首届城市学高层论坛城市文化景观遗产保护分论坛综述 [J].中国名城，2011(11): 12-15.

随着其形成条件的变化和文化的传播与融合，城市文化景观也在不断发生变化，表现出动态性特征。

4.综合多样性

城市文化景观遗产是多种要素综合作用的结果，是各种文化特征集合在一起所构成的，它是对特定城市文化的各种印象和感觉的集合。由于各地地形、地貌、人口、历史、经济、社会诸多因素影响，世界各地的城市从人种、民族、人口、语言、民俗到思想、意识形态、产业、技术、体制等都存在着各自的特色，这使得城市文化景观遗产类型必然具有复杂的多样性。

5.文化整体性

城市文化景观遗产是城市长期发展的结果，由于文化载体和所处环境的差性，使其构成具有多种不同的文化要素，这些要素之间存在着紧密关联的内在机理，表现出很强的文化整体性，这种整体性包容着城市发展进程中各种文化的痕迹，是相关文化的聚合体。在空间形态上，城市文化景观遗产成为统一的文化区。

6.层次等级性

城市文化景观遗产具有明显的层次等级性。大的城市文化景观遗产可以包含若干级、若干个小的亚类。从小尺度空间来看，它可以是一个博物馆或纪念碑、单体构筑物；从大尺度空间来看，整个城市就是一个城市文化景观遗产。

（三）城市文化景观遗产的构成与分类

1.城市文化景观遗产构成要素

城市文化景观遗产属于文化景观遗产范畴，其构成要素也分为自然要素和人文要素两大类，结合城市文化景观遗产自身的特征和学界研究的成果，我们把城市文化景观遗产的构成要素分为实体要素系统和文化价值系统两大系统。

实体要素系统构成要素包括：① 建筑：城市发展历史中遗留下来的建筑物、构筑物和遗址，它反映了不同历史时期和发展阶段的城市建筑文化、功能或历史事件，是城市文化景观遗产的重要载体；② 空间：由城市区域的山川、植被等自然要素，或者建筑、构筑物等人工围合、限定的物质空间；③ 结构：城市聚落、建筑群、街巷等人工要素和山脉、河流等自然构成的整体空间布局格局和秩序；④ 环境：指文化景观中的山川、田地、植被等自然环境要素。

文化价值系统构成要素包括：① 人居文化：指受城市所处独特的山川地理、地形地貌、气候条件等长期作用影响而形成的居住理念和生活文化；② 历史文化：城市文化景观遗产在形成和发展的过程中，都会与一个城市发展过程中的某些重要的历史事件相联系，具有独特的历史内涵。城市名人故居、历史遗址、道观寺庙等纪念物，都是城市文化景观历史内涵的重要呈现形式；③ 产业文化：集中反映了文化景观的区位条件和资源禀赋。城市中的传统工艺、会馆、商铺及遗址，与城市传统产业相关的环境资源，以及与古代商业贸易相关的文化遗址，都反映了城市文化景观的产业特征；④ 行为文化：指居民语言、礼俗、民俗、节庆、动作的表现；⑤ 精神文化：城市在其长久进程中，由于特定自然环境、人文环境的作用，在城市形成各种各样的文化观念、价值观念、哲学思想、审美情趣、精神信仰。

2.城市文化景观遗产的分类

就时间而言，我国的遗产保护体系研究和实践相对较迟，内容也是在借鉴国际经验的基础上逐步建立和完善的，目前对遗产类型划分也存在一些难以明确界定的对象和范畴。对城市文化景观遗产的研究则更迟，伴随着我国城市化进程的加快，城市、城镇和城乡接合部的文化景观遗产出现了快速破坏、消亡的情况，究其原因，是由诸多方面的原因导致的，其中一个主要原因就是没有专门研究城市文化景观遗产，没有形成专门保护的类别。因而，城市文化景观遗产应成为我国遗产构成体系的必要补充。由于城市文化景观遗产是一种与城市地域文化传统不可分割的遗产类型，不同的城市和城市内部不同的区域有着不同的构成特点，因此，其分类必须基于我们对自身历史文化的理解，可以借鉴但不能照搬国外的经验。李和平、肖竞对我国文化景观的类型和构成要素进行分析，把我国文化景观分为设计景观、遗址景观、场所景观、聚落景观和区域景观五个类别❶。结合城市历史文化的地域特性，本研究在其分类基础上拟将城市文化景观遗产可以分为以下五种类型。

（1）城市设计景观遗产

城市历史上的建筑师或设计师、工匠按照其所处历史时代的建筑理念、价值观念和审美原则，规划设计的城市文化景观作品，代表了特定历史时期不同地区的艺术风格及成就。这类景观包括古代城市园林、纪念碑、塔及与周边环境整体设计的建筑群，如苏州园林、寿县古城墙、晋祠等。

（2）城市遗址景观遗产

在城市历史发展上，城市遗址景观遗产是重要城市历史事件的发生地，记录了城市相关的重大历史事件和历史文化信息，由于受时代、空间、规划、经济、形象等诸多历史因素的影响，导致建筑遗址或地段遗址被人废弃或者失去原有功能。作为历史事件的发生地，其社会文化意义重于其功能价值，如北京的圆明园遗址、西

---

❶ 李和平，肖竞.我国文化景观的类型及其构成要素分析 [J]. 中国园林，2009, 25(02): 90-94.

安的大明宫遗址、武汉的汉口租界遗址等。

（3）城市场所景观遗产

在城市历史发展中，由于城市空间布局的变化、城市功能的改变，而引起城市局部景观的改变，被历史城市人群行为塑造出的城市空间场所景观显示出时间和城市功能在城市历史空间中的沉积，城市相应历史阶段人群的群体性行为活动赋予其文化内涵。这类景观包括历史城镇中进行相关文化活动和仪式的广场空间，以及具有特殊用途和社会功能的场所区域，如南京夫子庙广场、重庆磁器口古镇等。

（4）城市聚落景观遗产

在城市发展的历史上，由于城市经济、文化的演变，在城市某个发展阶段之特定区域形成由一组城市历史建筑、构筑物及周边环境共同组成的、自发生长形成的城市建筑群落景观。这种聚落景观一旦形成，就成为城市文化积淀的重要载体和呈现形式，多以斑块为其表现形式，即使时至今日这些聚落景观仍然延续着一定的社会功能，依旧呈现着历史的演变和发展，这类文化景观遗产包括城市历史街区、城市古建筑聚落等，如丽江古城、凤凰古镇等。

（5）城市区域景观遗产

城市区域文化景观遗产是一个大尺度的文化景观遗产概念，超越了单个的文化景观遗产实体。城市区域景观具有强烈的文化内在关联性，强调相关区域内文化景观遗产之间的文化联系。按照其文化资源组织的线索和构成形式，又可以分为城市历史名胜区遗产、文化路线和遗产区域。

① 城市历史名胜区遗产

这是指在城市中天然形成的自然环境中举行相关文化活动留下的历史文化印记构成的文化景观遗产。这类文化景观遗产以自然环境为背景，但又具有强烈的文化氛围，与其所依托的城市空间交错，实现城市功能补充与完善。它是特殊的城市文化景观遗产类型，如杭州西湖风景名胜区、扬州瘦西湖等。

② 城市遗产廊道遗产（城市文化路线）

这是城市区域内以城市自然地理特征为载体，串联城市文化遗产和片段的线性文化保护地。这是一种中等尺度文化景观遗产，如都江堰治水文化线路、南京的民国遗产廊道等。

③ 城市遗产区域

一种将呈破碎状态的城市地域文化斑块，它是以城市特定区域内山体、河流等生态要素以历史和地理分布为线索连接、整合形成的城市区域文化景观遗产，其特点是以某一自然或者人工交通系统为纽带相联系的具有相同文化特点的同质区域，如上海工业遗产区、成都成华工业遗产区等。

（四）城市文化景观遗产的价值

结合城市文化景观遗产自身的特征，城市文化景观遗产具有：历史文化价值、艺术审美价值、情感心理价值、社会思想价值、经济使用价值、科学技术价值等六个方面的价值。

1.历史文化价值

按照里格尔的历史遗产的价值结构，城市文化景观遗产具有"过往的价值"。城市文化景观遗产的"过往的价值"具有反映历史、证实历史、补全历史和传承历史的价值。

（1）城市文化景观遗产反映历史的价值

城市文化景观遗产是人类历史活动见之于自然环境的产物，不同时代、不同地域、不同国家、不同民族的城市文化景观遗产，反映了特定历史时期的地域、国家或民族的城市社会生活及其发展状况。

（2）城市文化景观遗产证实历史的价值

在文字被发明并普遍用于记言记事之后，人类才进入了信史时代。我们对城市发展历史的解读研究的基础主要是依靠历史文献资料文字记录。由于时代制约、作者主观局限、记录不足或文遗失等主客观原因，现有古籍和文献中记录的城市发展历史也是有限的，并且多是语焉不详，有的真假难辨。文化景观遗产则是真实的城市发展的遗存，因而是确凿的历史遗迹，不仅能真切地反映城市发展历史，也能确凿地证实城市发展历史。

（3）城市文化景观遗产补全历史的价值

城市文化景观遗产是城市发展历史的"活化石"，其区位、空间、结构、材质、色彩都具有无可比拟的史料价值，具有补全城市历史记述的缺失的作用，可以纠正一些对城市发展历史的错误认识。由于历史的主客观多方面的原因，现存相关城市记述的史籍、文献多有缺失和错误。故而城市文化景观遗产可以以真实的面目、具体的形制来补全历史记述的缺失，与城市发展的文字史料、档案起到相互印证的作用。

（4）城市文化景观遗产传承历史的价值

传承历史的价值可称为"遗赠价值"，这是一种非使用价值，和当前的城市活动无关，是后代可以利用的一种具有重大意义的潜在环境价值。城市文化景观遗产是自然与人文相结合的产物，是城市历史无言的记录、凝固的承载，以其具体的存在向人们呈现、解读城市历史的发展，成为展现城市地方特色的关键物件。

2. 艺术审美价值

城市文化景观遗产有着多方面的审美价值体现，就其主要方面而言，可以说，体现了城市发展历史的艺术审美感知、艺术审美体验和艺术审美理想。

（1）城市文化景观遗产的艺术审美感知

审美感知是人在观赏客观对象时由其形态、质地、色彩、声音等内在与外在表现所引起的美的感受和知觉；是客观对象直接作用于人的感官而形成的，也是客观对象具有艺术审美价值的显性反映。城市文化景观遗产涉及艺术的、审美的、特定历史时代的美学特征。

历史本身有其内在的美学价值，就城市文化景观遗产的历史建筑而言，城市文化遗产中古老的建筑和地段拥有价值是因为它们本质上有着外在和内在美的特征。相对于平实无华的当代建筑，历史建筑则更有趣。

（2）城市文化景观遗产的艺术审美体验

观赏城市文化景观遗产的艺术审美感知过程，结合着对遗产艺术审美的体验。艺术审美感知主要表现为主体接触客体后在感官上直接产生的美的感觉和知觉；而艺术审美体验则主要表现为主体认识客体后，在对其感知的基础上，进一步结合自己的审美经验而产生的情感心理体悟和验证。艺术审美感知是表层的，是艺术审美体验的基础；艺术审美体验是深层的，是艺术审美感知的深化。

（3）城市文化景观遗产的艺术审美理想

艺术审美理想指主体对客体的外在形态美和内在本质美的理想化追求，具体表现为审美趣味。不同主体所具有和不同客体所蕴含的审美理想，这种艺术审美理想不仅反映了人类本质需求的共同性，同时也反映了因不同时代、不同地域、不同文化传统影响而形成的差异性。城市文化景观遗产是人类创造性活动见之于自然环境的结果，是历史上的人群自觉或不自觉地根据自身的艺术审美理想，依照美的规律而创造的成果，寓含着创造主体的艺术审美理想。城市文化遗产的美感是多种构建因素的组合体。它们都是在城市历史发展长河中由一系列不同时期、不同形式与风格的物质实体和文化价值融合形成的。正如城市文化景观遗产的多样性那样，不同历史时期遗产实体并置一处才能显现出它们的价值，形成了一种强烈的对比，这是不同时期人们对城市建设的理想的呈现和实践。这种具有反差而又相互融合的多样性通常给主体的感官和体验是积极的。

3. 情感心理价值

城市文化景观遗产是城市发展的记忆和活化石，它是城市历史发展中各个阶段的人与自然融合的记忆，每个城市都有自己独特的城市意象和气氛。而城市文化景观遗产是这种气氛的重要载体。

（1）城市文化景观遗产的记忆价值

根据里格尔的历史遗产的价值结构，城市文化景观遗产具有年代价值。年代价值指的是只要是有年头的东西就是有价值的，它不一定是件艺术品，只是因为随着历史的演进而留存下来，遗迹因其稀有性而显得珍贵。城市文化景观遗产不仅是一种美学和视觉的连续性，也是一种很重要的文化记忆的连续性，遗产作为历史遗存对城市居民建立文化认同感、延续与某个特定场所或个人的记忆都具有重要意义，这种对过去的诠释有助于明确当代社会与历史传统的关联性。

（2）城市文化景观遗产的情感价值

城市文化景观遗产与城市居民的情感有关。它依赖于对历史的痕迹及过时的感知，城市文化景观遗产实现了城市氛围的原真性，创造"怀旧的文脉"。通过视觉感知表明了自己，并直接进入人们的感情之中。它体现了人们对历史环境与城市的情感认同、精神象征、意识凝聚、历史延续感、国家责任感等。

4.社会思想价值

城市文化景观遗产的社会思想价值是多方面的，是历史城市发展至今所形成的各方面的重要思想在遗产中的反映或留存。城市文化景观遗产的社会思想价值主要体现在哲学思想、道德观念、政治思想等方面。

（1）城市文化景观遗产的哲学思想价值

哲学在人类生活中无处不在，城市文化景观遗产是人类社会实践的创造性活动的成果，其中必然寓含不同时代的哲学思想。只是因其种类、性质、功用的不同导致遗产所寓含的哲学思想有深浅和显隐之别。

（2）城市文化景观遗产的道德观念价值

城市文化景观遗产具有价值的原真性。其中内含道德价值，城市文化景观遗产是城市历史发展的实物见证，如果传递虚假的信息，那就是不道德的。如果为了经济利益而有意造假，那就不仅是不道德了。基于此点考虑，对文化景观遗产"整旧如故"或"整旧如旧"应当是正确的保护与修复手段；而"整旧如新""整新如旧"、造"假古董"等手段都在不同程度上歪曲了城市文化景观遗产历史价值的真实性，因而是不可取的。

（3）城市文化景观遗产的政治思想价值

人类历史上的历代统治阶级的大型建筑往往体现统治阶级的政治思想。尤其是封建帝王的宫殿、陵园、都城等城市文化景观遗产，明显地体现出了统治者的意愿。

通过文物、建筑群等城市文化景观遗产，我们可以解读不同历史时期统治阶级的政治思想，从而领略到其中的政治思想价值。

5.经济使用价值

城市文化景观遗产的经济使用价值是指它的实用价值、资源价值与经济价值，同时具有多方面的综合价值。

（1）城市文化景观遗产的实用价值

城市文化景观遗产放到历史环境中，就具备城市的实用功能的价值。在保护遗产周围地段介入新要素，使遗产周围的城市空间焕发新的活力，使这些地区继续或重新成为人们聚集的场所，同时也使遗产本身再现价值，这种价值既可以实现遗产的使用价值，也可以是遗产作为城市标志或背景的环境价值。

（2）城市文化景观遗产的资源价值

城市文化景观遗产是不可再生资源，其内在储存着资源能量，资源能量的现实状况存在于各类型的遗产实体中。任何以新建筑代替旧建筑的活动都需要拆除的资源资本和建设的能量资本。

（3）城市文化景观遗产的经济效益

在一定条件下，改造旧建筑与营筑新建筑相比有三大优点：工期短、投资少、效益高。从环境经济学的观点看，遗产作为潜在的资源能量，盲目加以拆除、改建是资源与能源的浪费，遗产的整治比全部重建的代价相对低廉，其再利用就促成了对紧缺资源的保护，减少了建造过程中能源和材料的消耗，提高了资源管理水平。

6.科学技术价值

（1）城市文化景观遗产的科学价值

科学指人类正确认识自然、社会及人类自身各方面的知识体系，是人类认识的理论形态。城市文化景观遗产的科学价值，体现为遗产所反映出的前人在社会实践中形成的科学知识。正如我国古代城市建设的空间的组织、结构的秩序、人地关系的和谐、色彩的配置、材质的使用，无一不是特定历史时期科学思想展现。

（2）城市文化景观遗产的技术价值

技术一般是对科学知识的应用，具体指各种工艺操作方法和技能。技术与科学是密切相连的，既具有科学价值的创造性成果，也具有技术价值，而且技术价值体现得更为明显、具体。城市文化景观遗产的技术价值与其科学价值一样，由历史建筑、遗址、纪念物等物质形态的成果体现出来。

二、城市文化景观遗产保护的动力机制

城市文化景观遗产的保护体系、保护工作流程都必须有高效的动力机制才能获得可持续发展的实效。保护工作最核心的落脚点就是人的因素，只有遗产地的相关利益者保持良好的协作关系，构建利益相关者的合作机制，才能聚合众力搞好文化景观遗产的保护与永续利用。相反，如果没能构建起这种利益平衡的合作机制，将会扭曲遗产地的社会关系和利益结构，催生社会的不稳定因素，不利于保护工作的开展，甚至会产生破坏性的后果。

（一）城市文化景观遗产保护相关利益者

1.城市文化景观遗产地利益相关者构成

我国城市文化景观遗产地的利益相关者可以分为：国家管理机构、当地政府和相关部门、企业、开发商、游客、规划单位、专家学者、社区居民、城市其他居民、社区基层组织、社会组织、研究机构等。其中，国家管理机构是指国家层面管理城市文化景观遗产事项的国家立法、行政和司法机关。当地政府和相关部门是指城市文化景观遗产地的当地行政机关和土地资源局、城乡规划局、文化局、旅游局等。企业包括城市文化景观遗产地的生产企业与个人、流通领域企业与个人、旅行社等。开发商是指在城市文化景观遗产开发企业与个人。

2.城市文化景观遗产地利益相关者分类

米歇尔按照企业的合法性、权力性、紧急性，把利益相关者分为确定性利益相关者、关键利益相关者、利益相关从属、危险利益相关者、蛰伏利益相关者、有利益相关者和要求利益相关者七个类型。借鉴米歇尔的利益相关者分类的方法，本书把上述利益相关者分成三个类别：核心利益相关者、从属利益相关者、或然利益相关者。

核心利益相关者包括：社区居民、当地政府和相关部门、开发商。

从属利益相关者包括：规划单位、企业、城市其他居民、社区基层组织、国家管理机构。

或然利益相关者包括：游客、专家学者、社会组织、研究机构。

（二）城市文化景观遗产地利益相关者利益格局

相关利益主体以寻求利益最大化的可能和途径为目的，构成多维价值体系和多重目标。考虑到城市文化景观遗产地众多利益相关者的层次性，在此重点分析核心利益者的关系。因为核心利益者的关系格局直接决定着文化景观遗产的保护方向与结果，而对从属利益者和利益者的影响程度相对较低。

1.社区居民

社区居民长期生活、居住在城市文化景观遗产地，他们的行为、习俗、活动等构成了遗产地文态符号。社区居民是城市文化景观遗产开发的直接利益相关者。但是，目前在我国遗产的社会网络中社区居民处于地位弱势，导致其在遗产保护开发决策和实施过程中基本处于边缘化地位，社区居民很少了解文化景观遗产保护开发具体的规划。在众多的城市文化景观遗产保护、整治中，相当一部分社区居民的生活环境并没有得到明显的改善，导致长期历史积淀而成的社区网络和社区历史文化随之逐渐瓦解消失。

2.当地政府和相关部门

当地政府和相关部门代表着整个城市的利益，对城市文化景观遗产享有使用权、管理权和受益权，其追求遗产地的整体效用最大化、社会福利最大化。但是，政府及相关部门对城市文化景观遗产的价值认识多聚焦于地方经济的发展、城市外在形象的塑造。因而受短期经济效益和政治利益的驱动，政府往往为了吸引开发商投资，对其不合理的要求和做法作出让步，将大部分文化景观遗产及其周边地段、环境空间用于商业开发，导致遗产地的整体性遭到损毁与破坏。

3.开发商

我国很多城市文化景观遗产在保护的前提下进行开发，这也是文化景观遗产能得以永续发展的一个有效途径，因为在市场机制下，既可以充分发挥文化景观遗产的潜在价值而获得"造血"功能，同时也能带动社区经济的发展，有利于文化景观遗产的保护工作。但是市场开发是一把双刃剑，不合理的开发会对遗产产生极大的负面影响。而这正是我国现阶段城市文化景观遗产面临的困境之一。开发商以商业化或者房地产开发为主导的开发模式，急功近利地追逐经济效益，忽视文化景观遗产的可持续利用，大规模的商业性开发，导致社区居民外迁，使得文化景观遗产地原有的社会结构遭到破坏；房地产开发导致用地性质的改变也破坏了原有的历史文化生态风貌，造成建设性破坏。

因此，在城市文化景观遗产保护过程中，能否解决当地政府及相关部门、开发商和社区居民之间的利益问题，协调好三方关系，实现经济效益、社会效益和生态效益的统一，是城市文化景观遗产地可持续发展的关键。

（三）城市文化景观遗产保护动力机制构建

从上述城市文化景观遗产地利益相关者利益格局来看，只有遗产地建立了相对平衡有效的利益格局，才能激发各相关利益主体的积极性，因此，建立一个以相关利益者利益平衡为基础的动力机制才能有效地保证城市文化景观遗产保护体系的顺利。

1.国家机构主导

以当地政府为核心的国家机构的利益诉求在于解决城市文化景观遗产地近期经济效益和长远的社会效益、生态效益的协调与统一。因而，国家机构应该在动力保护机制中转变职能，主导整个遗产地的利益协调工作。在市场经济体制中积极转变自身职能，强化服务职能，在文化景观遗产的保护开放上进行积极引导，注重各相关利益者的协调，监察文化景观遗产的保护开发进度和规范。一方面，地方政府机构加强对开发商的监管，强化监管执法力度，站在监管者的角度客观、公正地看待问题，保证开发商的市场行为，协调好文化景观遗产开发与保护工作；另一方面，要引导社区居民和社区基层自治组织的活动，建立公开、公正、公平的城市文化景观遗产保护制度，制定并实施社区居民利益表达的政策措施，加强对社区居民的教育培训工作，真正为社区居民谋划长远发展，从外在保障社区居民生活水平的提高，从内心激发社区居民的文化自信，使之成为文化景观遗产环境的有机组成部分。实现各利益主体的协调，才能真正实现政府的职能，达到利益诉求。

2.公众广泛参与

对于城市文化景观遗产的保护，目前，我国大部分城市采取的还是静态保护，静态保护难以发挥文化景观遗产的内在价值，导致公众对遗产的认知的缺失。因而，我们对文化景观遗产的保护要实现从物到人的转变，满足公众对于文化景观遗产的价值诉求。只有公众的广泛参与和保护，才能实现城市文化景观遗产与公众的互动，获得公众持久的保护动力。

3.社会组织影响

社会组织是城市文化景观遗产利益格局中属于或然利益相关者，与遗产之间没有直接的利害关系。社会组织作为非政府组织，在公众对于文化景观遗产的认知方面具有不可替代的作用。调动社会组织的积极性和参与性，能够实现社会组织的社会职能的诉求，进而可以更好地发挥许多政府部门无法实现的协调功能与作用，它们从技术层面、社会层面为文化景观遗产的保护进行协调开发工作。

4.社区居民融入

社区居民是城市文化景观遗产无形价值的重要载体和表达方式，没有"人"的遗产是难有"地方感"和"场所精神"的。城市文化景观遗产的文态表达和价值重构都需要社区居民来实现。文化景观遗产脱离了社区居民，就是无源之水，只能有限地表达自身的个性与意蕴，无法彰显完整的价值。只有社区居民融入并真正成为文化景观遗产环境的有机组成部分，才能在最大程度上实现遗产的动态和永续发展。他们是遗产地利益相关者的核心，无论是现实的经济利益，还是潜在的情感依恋、心理认同，让他们天生具有参与遗产保护开发的利益诉求。

5. 企业市场保护

在市场经济体制下，包括开发商在内的遗产地各类企业都是以经济利益为追逐目标的，所以，对于城市文化景观遗产的保护要以企业利益为先决条件，无论这种利益是可见的还是不可见的，或是直接的还是间接的。对于企业而言，在文化景观遗产合理开发使得企业能获利，是企业保护的内在动力。对于文化景观遗产而言，最好的保护就是合理的开发，实现动态的保护。因此，对企业开发行为进行合理的规范与引导，实现企业效益与遗产保护之间的平衡，是借助市场机制的强大力量进行遗产保护的有效途径。

三、城市文化景观遗产保护体系保障机制

城市文化景观遗产保护流程、动力机制要有保障机制才能得以技术上的实现。保障机制由以下四个方面构成。

（一）法律政策的保障

目前，我国初步形成了文化遗产保护的法律法规体系，但是，专门针对城市文化景观遗产的地方性法规不多，并且地方性法规、单行条例存在内容不明确和条款漏洞等问题。尤其是对于文化景观遗产的专门性法律法规缺失，且没有分类保护的规范与标准。因此，城市文化景观遗产的保护首先是国家各个层面的立法机构出台针对文化景观遗产的专门性法律法规，并加以分类，制定相应类别的法律保护条款和技术规范。其次，加大城市文化景观遗产的保护执法力度，强化城市文化景观遗产破坏行为的惩处力度。

（二）机构责任的保障

城市文化景观遗产保护是一个涉及诸多方面利益的复杂工作，在当前我国的国家机构体系下，保护工作牵涉到城市文化景观遗产地的政府、规划局、土地资源局、文化局、旅游局等部门，没有一个地方上统一的、责任明确的机构管理体系，导致出现文化景观遗产多头管理的局面，最后落实保护工作实际上就成了无人管的局面。在中央层面成立文化遗产管理局，对地方的各类型文化景观遗产保护工作加以监管；在遗产地建立一个对应的以文化景观遗产管理部门为核心的保护责任管理体制，形成有效的议事制度，明确责任，对文化景观遗产保护工作形成切实的机构保障。

（三）多元合作机制的保障

前面讲述了城市文化景观遗产地的利益相关者的利益格局，分析了各利益主体的利益诉求，这些利益诉求都与遗产之间存在着密切关系。为了协调利益主体与遗产之间的关系，我们需要构建一个多元一体的合作机制。这个合作机制以遗产地政府为主导，推进遗产的保护开发工作；以社区居民为核心主体，实现遗产的文化价值重构和场所精神的表达；以企业开发商为条件，释放遗产巨大的潜在价值，为遗产保护的"自我造血"创造条件；以非政府社会组织、研究机构为纽带，提供遗产与社会实体之间的沟通纽带，为遗产保护获得广泛技术、资金、人力投入提供支持。四者之间进行分工协作，构建一个有利于城市文化景观遗产保护的多元一体的良性合作机制，改变传统的政府保护体制，转向政府主导多元合作机制的保障体系。

（四）技术人才的保障

城市文化景观遗产保护体系是一个技术含量高、工作规范复杂的系统工程，没有专业的人才队伍，是难以胜任的。遗产保护工作要求建筑、规划、经济、信息、生态、社会服务等各方面的人才提供技术支撑，因此，要建立一个以遗产保护技术为核心的人才综合工作团队，为遗产保护提供技术保障。

第五章　建筑景观文化

第一节　建筑与景观的相关阐释

一、建筑的含义

在第一章，我们介绍了景观的含义，在此我们论述建筑的含义。建筑的含义比较宽泛，可以理解为营造活动、营造活动的科学、营造活动的结果（构筑物），是一个技术与艺术的综合体。早在原始社会人们就与恶劣的自然环境做斗争的过程中创造了他们的建筑，他们用树枝、石块构筑巢穴，躲避风雨和野兽的侵袭，开始了最原始的建筑活动，形成了最原始的建筑。

我国古代著名哲学家老子在他的著作《道德经》中说："凿户牖以为室，当其无，有室之用。故，有之以为利，无之以为用。"意思是：建筑是容纳人们生存的空间，这与现代主义"建筑是人类活动的容器"的思想不谋而合，建筑作为人类的一种创造行为，其目的是为了满足人们的使用及心理需求，为人们提供从事各种活动的场所。建筑一方面以实体的物质属性和自然环境共同构成人类赖以生存的物质空间；另一方面，它又承载着社会文化，成为人类文明的重要组成部分。

建筑需要技术支撑，同时又涉及艺术特征。我们把功能、技术、形式称为建筑的三个基本要素，即实用、经济、美观。建筑的基本属性可概括为以下几个方面。

（一）建筑的时空性

从建筑作为客观的物质存在来说，一是它的实体和空间的统一性；二是它的空间和时间的统一性。这两个方面组合为建筑的时空属性。

（二）建筑的功能性

建筑的首要目的是满足功能需求，如住宅的首要目的就是供人居住。具体来说，需要满足诸如人体活动尺度的要求、人的生理要求、人的使用过程和使用特点的要求等。功能与建筑形体及外在形式的和谐统一是建筑设计的主要目标之一。按照功能进行设计是建筑学现代语言的普遍原则。

（三）建筑的工程技术性和经济性

建筑与其他艺术的另一个不同之处是它具有高度的工程技术性。建筑师不但要重视工程技术问题，同时还必须注意经济问题。建筑的工程技术包含着这样几个方面：建筑结构与材料、建筑物理、建筑构造、建筑设备、建筑施工等。

（四）建筑的艺术性

建筑的艺术性多指建筑形式或建筑造型的问题。建筑虽然是一个实用的对象，但建筑的艺术有相对独立性，有自己的一套规律或法则。如我们常说的变化与统一、均衡与稳定、比例与尺度、节奏与韵律等，它们的运用是变化万千的，设计者应该细心揣摩，灵活运用。"建筑是凝固的音乐"形象地比喻了建筑的艺术特性。

（五）建筑的社会文化属性

建筑是一种社会文化，一种社会文化的容器，同时它又是社会文化的一面明亮的镜子，它映照出人和社会的一切。建筑的社会文化属性的第一个特征是民族性和地域性，第二个特征是历史性和时代性。它具有时空和地域性，各种环境、各种文化状况下的文脉和条件，是不同国度、不同民族、不同生活方式和生产方式在建筑中的反映，同时这种文化特征又与社会的发展水平及自然条件密切相关。

二、景观建筑

所谓景观建筑，一般是指在风景区、公园、广场等景观场所中出现的具有景观标识作用的建筑，其具有景观与观景的双重身份。景观建筑和一般建筑相比，有着与环境、文化结合紧密，生态节能、造型优美、注重观景与景观和谐等多种特征。由于其设计制约因素复杂而广泛，因此较一般建筑设计更为敏感，需要具有建筑、规划、景观设计等多方面知识结构的良好结合。

从广义上来说，景观建筑还应该包括与建筑物密切相关的室外空间和周边环境、城市广场及诸如雕塑、喷泉等建筑小品，门墙、栏杆、休憩亭、坐凳等公用设施，目前的学术理论界所使用的景观建筑多取其广义的含义，而本书要讨论的内容则是取了景观建筑的狭义概念，所指的内容不再是广义上的景观建筑，而仅仅是指景观中的建筑；讨论的主要对象为城市景观设计及环境艺术中所涉及的建筑及小品设计。以下提及的景观建筑皆为狭义概念。

目前，景观建筑设计已发展成为一门实践性较强的应用型学科，该学科主要针对人类盲目利用和过度开发自然资源所带来的社会、环境及生态问题，在大建筑学科领域内创立的与建筑学、城市规划相平行的一门跨学科的交叉型和应用型研究，从业人员将从管理和保护各类资源的角度，在大地上创造性地运用技术手段及科学、文化、政治等知识来规划安排所有自然与人工景观要素，使环境满足人们使用、审美、安全和产生愉悦心情的要求。

三、建筑与景观的关系

建筑与景观是构成空间环境的主要实体与空间要素，二者如同一个硬币的两个方面，唇齿相依，共融互生在城市系统环境的整体设计中，建筑设计与景观设计应以城市设计为指导，进行一体化设计建筑、景观一体化设计的基本要求是具备"建筑是景观、景观是建筑"的意识。在部分区域建设中，由于景观设计相对于建筑设计具有滞后性的特点，因此，景观设计中的建筑意识就显得格外重要。

（一）建筑本身即为景观

建筑不但要为人类提供舒适的居住条件，同时，作为空间环境的主要实体与空间形态的构成要素，其本身就是一种景观元素。因此，在进行建筑单体设计时，不仅要考虑建筑本身的功能性，同时要以外部空间形态为指导，将其作为整体环境景观的一部分进行整体设计。

任何建筑都处在某个特定历史条件下的景观大系统中，并具备一定的景观属性。出色的建筑设计往往是从建筑物自身出发，将建筑物与周围的自然环境巧妙结合，通过提炼、表现、强化所在地域的景观特征、场所精神，使其同周围环境一起构成一道亮丽的风景线，这样的景观建筑与场地相呼应，并从场地中自然生长，而不是削弱场地和环境。它们利用地形每一个有利的方面，对自然生态与气候给予充分考虑，并反映到建筑设计中。此外，在进行建筑设计时，应以整体的思维将相关事物有机结合起来，既考虑它们作为景观元素时的观赏角度与距离，同时也要考虑使用者身处其中时能够欣赏到的景色。如此，建筑就不会成为"场地中的独角戏"，景观也不会成为"水泥块中的自然"。

（二）景观即为建筑

设计发展到今天，其建构的融合性已经越来越强。当代对"景观建筑"一词的认识也在不断深入，它所包含的内容已经不仅仅局限于那些具有较高的审美价值、供人休憩游赏的自然环境的概念，还包含一定区域内大地表面自然化的实体存在、人工化的实体存在（建筑单体、群体乃至城市）及相应的自然的总和。如果从当代的"景观城市主义"理论出发，景观位于建筑和城市的深层，建筑既以其为背景，又最终融入其中，而成为它的一个组成部分。

在具体景观设计中，应注重景观设计风格与建筑设计风格的协调统一，二者相互映衬。在目前的城市景观建筑设计中，由于设计阶段的相互脱节或其他因素，常常会出现景观形式与建筑风格差异甚大，甚至格格不入的问题，如在规划设计中，采用以欧陆风情的风格中夹杂中式的景亭、中式的叠石理水，景观与建筑的风格反差令人感到混乱、费解；在植物设计中，缺乏对建筑体量、色彩、质感等形式因素的考虑，植物景观难以与建筑交互辉映。因此，在景观设计中注重与建筑的协调统一是保证空间环境整体性的有效方法。

景观建筑是现代景观理念、方法和文化背景相结合而形成的对建筑设计的新的审美方式和创作手段。当代城市整体设计不仅仅是建筑的景观意识、景观的建筑意识，同时更需要一个能够保证建筑、风景园林两个专业能够及时畅通并进行交流协商的运作模式与管理机制，从而从根本上实现多方位、多学科的设计协作与有机整合。

第二节　建筑与景观的融合设计

一、建筑与景观的融合

（一）建筑与景观的理念融合

建筑和景观的融合是建筑对景观的适应。建筑作为场所中的主体活动空间不是独立存在的，无论景观如何设计，都必须采用适宜当地生长的植物和富有地方特点的景观，这样才能够保持景观的特色。而景观则需要积极搭配建筑。景观作为供人观赏的趣味存在，有专门修建的园囿，搭配供人休息停留的亭台楼阁；有围绕在建筑周围的修葺整齐的灌木，灌木则是专门为迎合主体建筑形态所设计的。建筑与景观的融合意味着在确定设计理念思想之后，建筑与景观的设计包括其形式、构造等皆围绕此理念开展，并在思考、设计和施工过程中不断协调。

建筑与景观的理念融合应遵循以下几个原则。

1.整体性

整体性是指从整个地区的全局范围来考虑建筑与景观的融合。首先，应对建筑和景观设计的场所进行基地考察，包括自然环境、人文社会环境。同时对场所的构成线条、色彩等进行分析。其次，需要对场所与外部环境的联系进行调查。需要利用场所内现有资源进行最大化地利用和最小化的改变，用以保持该地区的特有风貌特征。最后需要针对上述条件进行归纳总结，选用最适合及与周围场景配合程度最高的设计理念、表现手法，并贯穿设计全程。

2. 可行性

建筑与景观理念的融合首先要分析设计的可行性。确立设计的理念思想，随之而来的便是对于建筑的高度、深度、宽度、造型、体量、色彩、风格、材料等的考量，分析其可能对景观设计产生的影响。其次，在景观设计的三大要素的前提下则需要思考景观的大小、位置、色彩、形状等对建筑的影响。

3. 实用性

建筑与景观理念的融合首先是满足人们对于两者的功能与精神要求。无论何种理念，终究是要服务于建筑与景观的使用主体——人。同时也意味着对自然环境和人文社会环境的高度适应。对景观的思考即是对场地的思考。通过对建筑场地的规划突出景观特征，将景观贯穿于整个建筑场地。景观元素延续至建筑，建筑犹如破地而出并融入场地景观之中。马塞尔·布劳耶说过："建筑物是具体而实在的，建筑本身自有其存在的理由，但同时它又是存在于自然中的，我从不视其为独立的组成，而视其为与自然相关、同时又与自然对立的组成部分。"❶

（二）建筑与景观的材质融合

建筑与景观的材质融合是继形态统一之后的一大要点。在确定材料的造型语言之后，选择适当的材料与正确的构造方式，以达到材料构造与形态的完美统一，以此来强化建筑与景观的相互融合。

现代建筑巨匠赖特认为"建筑是人的想象力驾驭材料和技术的凯歌"❷。在建筑设计和景观设计中，要深入挖掘材料的内在潜力和表现材料的外在表现力。通过材料的形体、光照、色彩、肌理等要素的组合运用，创造出景观与建筑的水乳融合的场面，加强与丰富其表现力。

材料的选择必须要结合具体建筑的形式、体量、风格、环境等因素，它融于建筑整体和周围环境的设计与建造全过程。材料的质感具有强烈的心理诱发作用，不同的材料给予人不同的心理感受，如金属材料给人以科技感、冰冷感，木材给人以温润感、亲切感等。建筑材料的选择应适时考虑到周边地区的地域性特征，建筑材料与景观遥相呼应，互为映衬。

在材料的运用时，还要注意将其突出性能表现出来，木材、石材的天然质感是

❶（美）约翰·O.西蒙兹巴里·W.斯塔克.景观设计学——场地规划与设计手册[M].俞孔坚,朱强,王志芳,等译.北京:中国建筑工业出版社,2000.

❷（美）苏珊·戈瑞(Susan Gray).向大师学习:建筑师评建筑师[M].谢建军,李媛,译.北京:知识产权出版社;北京:中国水利水电出版社,2004.

其他材料无法比拟的。建筑与景观由于具体功能不一，可以承受的力也不一样，因此，在景观与建筑的设计与规划中除了要考虑材料的共通与匹配之外，还需要将材料的力学特性融入艺术设计中，做到技术与艺术的有机结合。

（三）生态学下建筑与景观的融合

随着社会的不断进步，经济全球化、文化多元化和社会信息化的趋势促使人们的生活方式发生了根本变化，旧有的城市功能与形态面临着巨大冲击，人、建筑、环境三者的关系面临着前所未有的挑战。建筑设计、景观设计与生态学发展的关系越来越紧密，互相融合，设计的生态性已然成为老生常谈的话题。

生态系统将人类与环境紧密相连，并按一定规律相互作用，表现出结构和功能的协调，创建了巧妙的生态平衡的局面。生态学具有整体性和关联性两大特点，现今的生态学已经广泛渗透到众多学科领域，包括建筑设计和景观设计。

生态主义浪潮席卷全球，建筑师和景观设计师们开始将设计与生态联系起来。生态主义慢慢脱离了论文和图纸的空谈，而逐渐成为设计师们对设计内在和本质的考虑。在尊重环境的发展历程中，生态主义、可持续发展等思想贯穿建筑设计、景观设计等全过程，对生态的追求一度与对功能与形式的追求平齐。

人们在建筑空间中工作生活，首先希望这个场所是舒适、安全、环保的。同时也希望可以在疲惫之时看到窗外让人心情放松的景观。而进行户外活动的人们也希望抬头可见的建筑物不但功能齐备，而且令人赏心悦目。这样一来，生态学下建筑与景观的完美融合就成为人们最美好的希望。

设计植根于创作地。无论是建筑设计还是景观设计，设计师们首先需要考虑的问题是自然允许人类做什么。生态学下建筑与景观的融合应从以下方面来理解。

1.尊重传统文化与当地自然环境

在当地人的生活空间中，一草一木一花都被赋予存在的意义。他们关于环境的知识和理解是场所经验的有机延伸和积淀。一个适宜于场所的生态的建筑和景观设计，首先应考虑当地的自然条件和传统文化诉求给予设计的启示，必须符合天、地、人的设计关系。在符合生态学思想的前提下，去考虑建筑和景观的设计构造及两者的融合。

2.适应场所的自然过程

时代的发展导致了现代人对于场所功能的追求不尽相同。因而为场所而设计的建筑与景观并不应拘泥于传统的形式，应与时俱进。对于新时代的建筑和景观设计仍应以场所的自然过程为依据，包括地形、土壤、植被等。建筑与景观的融合设计就是将这些带有明显场所特性的因素合理地结合与搭配并加以利用，从而创造出和谐健康的场所环境。

生态学思想的发展使得建筑与景观设计的思想发生了巨大改变，甚至开始对建筑与景观的形象产生影响。生态学思想影响下的建筑与环境的融合，就是对场所的尊重、对场所要素的循环利用及可持续发展思想的应用；就是要充分利用场所中的原有建筑，以最小的改变达到建筑与景观融合的设计目的。

二、现代景观建筑设计的特点

随着时代的发展与科技的不断进步，景观建筑表现出以下特点。

（一）形式与要素趋向多元化

在景观建筑设计中，最引人注目并容易理解的就是以现代面貌出现的多元化的设计要素，现代社会给予当代设计师的材料与技术手段比以往任何时候都要多，现代设计师可以较自由地应用光影、色彩、声音、质感等形式要素与地形、水体、植物、原有建筑与构筑物等形体要素创造景观建筑与园林环境。

（二）现代形式与传统形式的对话

由于传统建筑在其形成过程中已经具备了社会认可的形象和含义，借助于传统的形式与内容去寻找新的含义或形式，既可以使设计的内容与历史文化联系起来，增加人们的认同感，又可以满足当代人的审美情趣，使设计具有现代感。

（三）科学技术与现代艺术相结合

意大利建筑师奈维认为："建筑是一个技术与艺术的综合体。"美国建筑师赖特也认为建筑是用结构来表达思想的，有科学技术因素在其中。这些论点表明，景观建筑是由技术支撑的一种艺术品。

长期的社会实践证明科学与艺术的最高境界就是浑然一体的共融与互补，能够体现为一种永恒的美。现代景观建筑作为实用性艺术，本身需要各方面的知识与技术的支撑，也注定要受到不断发展的现代科学技术的极大影响和制约。

（四）景观建筑与生态环境结合

全球性的环境恶化与资源短缺使人类认识到对大自然掠夺式的开发与滥用所造成的后果。应运而生的可持续发展战略给社会、经济及文化带来了新的发展思路。越来越多的设计师不断吸纳自然与生态理念，创造出尊重环境、保护生态的设计作品。这些基本生态观点与知识，已为景观建筑师所理解、掌握并运用，并发展成为一种设计趋势。

三、现代景观建筑设计的理念

（一）人性化景观建筑设计

1. 人性化景观建筑设计的思想内涵

现代设计对于人性化的体现触及人类生活的方方面面。人性化设计的目的和核心是"关爱人、尊重人"，人性化的内涵不会随着时间、空间、地域的变化而发生变化，但人性化的表现是具体的，受时间、空间的转变而变化，所以必须与具体的外部环境相联系。目前，在景观建筑设计中，人性化的表现主要体现为物理层面的关怀，将人体工学原理运用到建筑设计中，以人体的生理结构出发的空间设计；回归自然的人性化设计情怀，在生活中尽量选择自然的材质作为设计素材；对少数弱势群体的关怀，如老年人、儿童、孕妇、残障者等，使得整个社会感受到人性化的关怀；以及以人文资源保护与文化继承为目标的设计。

（1）物理层面的关怀

将人体工学运用到景观建筑设计中是典型的满足人们物理层面的需要。这主要体现在建筑细节上，空间使用的舒适程度、尺度把握、空间布局及材料的运用，包括色彩、光线等安排都应按人的生理和心理来考虑。现代主义最著名的建筑大师密斯·凡·德罗，当被要求用一句话来概括成功的原因时，他只说了五个字："魔鬼在细节。"他反复强调不管你的方案如何恢宏大气，如果对细节的把握不到位，就不能称之为一件好作品。他设计的每个剧院都要精确测算每个座位与音响、舞台之间的距离及因为距离差异而导致不同的听觉、视觉感受。他会一个座位一个座位地去亲自测试和敲打，根据每个座位的位置测定其合适的摆放方向、大小、倾斜度、螺丝钉的位置等。这样，建筑的人性化设计近于苛刻地从每一个角落的细微之处呈现了出来。

（2）心理层面的关怀

心理层面上的满足感建立在建筑功能的满足和对人物理层次的关怀基础之上。心理层面上的满足感不像物理层面上的满足感那样直观，它往往难以言说和察觉，甚至连许多使用者也无法说清为什么会对某些建筑情有独钟。人性化的景观建筑设计注重改善建筑与人之间冷冰冰的关系，力图将人与物的关系转化为类似于人与人之间存在的一种可以相互交流、寻求心理安慰的关系。意大利建筑师伦佐·皮阿诺设计的 Tjibaou 文化中心是一个与当地自然环境紧密结合的一个极佳的例子，这个建筑不仅创造了绿色与人性相互交融的空间，而且还让人在工作时更贴近阳光、空气和自然，同时也达到了很好的生态效果。

（3）弱势群体的关怀

无论是谁都有自由生活的权利，尤其是我们身边的弱势人群必须得到足够的重视，像老年人、儿童、孕妇及残障者，因为这些人群与一般成年人有很大的差异，许多设计对他们来说根本就不适用，而人性化设计的建筑就是要最大限度地消除由于自身身体不便带来的障碍。

（4）社会层面的关怀

社会层面的关怀是建筑师对人的生存环境的关怀。设计不能只关心个别人群，不能只考虑自己这一代人的舒适，更重要的是要看到人类文明的发展和延续，看到人类生存环境的可持续发展。近年来，社会变革使人类生活发生了重大变化，人类的生存条件与环境在许多方面有了显著的改善，但同时人与自然的关系也遭到了极大的破坏。人类除了面临能源危机、生态失衡、环境污染等诸多问题外，甚至还得面临人类自身的生存问题。频繁出现在国际的名词可持续发展，说明人类能否长久在地球上生存已经成为全球面临的严峻问题。建筑理论界有人提出"可持续建筑""绿色建筑"的理念，试图给设计行为重新定位，以防止建筑设计对环境的破坏，防止社会过于物质化，防止传统文化的葬送和人性的失落，防止人类异化，这就要求建筑师应该将设计的职业道德作为履行社会职责的基础。建筑师在进行设计之前，应考虑他的设计是否对社会有益，从而抵制不良设计。这个也是人性化建筑设计的最高层面，也是最难实现的层面。

2.人性化景观建筑设计的原则

（1）以人为本的原则

以人为本的思想是将人的利益和需求作为考虑一切问题的立足点，并以此作为衡量的尺度，这就要求我们把设计的目光转移到人的身上，把关心人、尊重人的概念具体体现在景观建筑设计的创造中，重视人在建筑环境中的心理活动、行为和文化，从而创造出满足多样化需求的理想空间。在此理念下，城市景观建筑要综合体现系统性、功能性、文化性、经济性和先进性的统一协调；既要强调人的发展，又要关注自然与环境资源的可持续性，达到人与自然的和谐共生。

（2）整体与系统性原则

环境的整体性是指环境系统内部要素的结构稳定、功能正常及要素之间的不可或缺及和谐共存的状态，整体是系统的核心。首先，从城市设计的角度来看，整体性思想不仅在物质形体层面上有意义，而且在心理学和社会学层面上同样有意义。根据凯文·林奇的意象理论，人对城市形体环境的体验认知具有一种整体的"完形"效应，是一种经由对若干个别空间场所的、各种知觉元素体验的叠加的结果。其次，由系统概念可知，如果将城市空间系统比作"面"，城市街道系统就可比作"线"，景观建筑被看作"点"，点、线、面结合才能发挥作用，缺一不可。例如，闻名遐迩的巴黎中轴线上自东向西依次排列着一系列情感凝重、象征性极强的纪念建筑：卢浮宫、玻璃金字塔、卡鲁赛尔凯旋门、杜伊列利御花园、协和广场、方尖碑、香舍丽榭大道、戴高乐广场、凯旋门等。如果没有系统的空间规划是不可能有如此辉煌壮丽的城市的。中国的北京古城也是沿着南北向中轴线整体规划的典范，其他建筑依次排列，这种系统规划的空间成就了古城的光辉灿烂。

（3）弹性与动态性原则

许多城市都已有1000多年甚至2000多年的历史，今天还在不断地更新、延续着它们的生命，始终处于新陈代谢的过程之中。各个时代的设计者、建造者一代又一代地塑造着城市空间。意大利著名的圣马可广场就是弹性与动态性原则的典型案例。从公元9～18世纪经过多次改建，但每一次改建与增建都努力保持着整个广场的和谐统一，并使之趋向更完美，它是若干代人共同创作的结晶，这并不意味着后者必须要采用与前者相同的形式，其实质在于重视评判前者，并使两者有和谐的关系。培根在他的《城市设计》一书中所阐述的"下一个人的原则"对我们今天的城市景观建筑建设是颇有启发的。培根说："正是下一个人，他要决定是否将第一个人的创造继续推向前去还是毁掉。"❶

弹性与动态性原则主要体现在以下几个方面：城市景观建筑的建设是一个过程，在过程中会有信息反馈回来，需要对原有信息进行修正，因此是动态的；城市景观建筑不可能一次规划到位，需要进行调整，只有不断接收动态信息，才能不断完善原有的城市系统规划；在实施过程中，城市景观建筑设计应从城市设计高度为空间形体提供三维的轮廓和大致的政策框架，为具体设计提供由外向内的约束条件。

（4）可持续性原则

可持续性原则注重研究城市景观建筑的演变过程及对人类的影响，研究人类活动对城市生态系统的影响并探讨如何改善人类的聚居环境，达到自然、社会、经济效益三者的统一。可持续发展建筑的意义在于宏观战略上的思考，它必须着眼于未来，着眼于社会、环境。城市景观建筑人性化设计的可持续性原则主要体现在以下三个方面。

① 生态环境的可持续性。真正的设计要尊重自然，尊重每一个普通人，要为自然而设计，亦为人而设计，追求人与自然的和谐相处，达到景观建筑与人的和谐。

---

❶（美）培根（Bacon, E.D.）. 城市设计 [M]. 黄富厢，朱琪译 . 北京：中国建筑工业出版社，1989.

真正的现代化并不意味着破坏自然、破坏生态，也不是建设各种高楼大厦，而是自然和文化的天人合用最少的投入、最简单的维护，充分利用自然原本的环境和原有的特色，达到设计与当地风土人情及文化氛围相融合的境界。安徽黟县宏村是成功运用生态学来改造人居环境的佳例。该村水圳九曲十弯，贯穿于家家户户，向南注入水面宽阔的南湖。在村中心，利用原有的天然泉眼，建半圆形水池月沼，好似水面铺砌而成的广场。这一优美的水系及围绕水系的建筑群，构成了宏村富有诗情画意的、自然环境与人工环境融为一体的村落环境。

② 地域文脉的可持续性。城市景观建筑的个性往往呈现出浓郁的地方性。所谓地方性，是指在同一地理环境中形成的，并显示出来的地域特征或乡土特征，所谓"一方水土养一方人"，"十里不同风，百里不同俗"。如今全球化浪潮席卷世界，城市记忆正在消失，如何保持对城市记忆的延续即可持续性，对于建筑设计师来说是富有挑战意义的命题。这项工作不仅仅意味探究历史、保持地方特性，而且意味着在历史环境中注入新的生命。因此，涉及景观建筑的创作必须是再认识历史的过程，重新寻求空间、环境、技术概念等因素之间的对话媒介，最大限度地延续城市的文化。

③ 空间效率的可持续性。城市空间体系从表面来看，以环境为中心；从长远来看，实质上以人为中心，空间的构成需要根据环境与资源所提供的条件来强调长期环境效率、资源效率和整体经济性，在此基础上再追求空间效率。城市外部空间将向更加综合的方向发展，综合城市自然环境和社会方面的各种要素、在一定的时间范围内使空间的形成既符合环境条件又满足人的不断变化的需要。同时，城市景观建筑形态经过长期积淀而体现出来的历史文化特征也应予保护和发扬，特别是对历史文化地段独特的自然环境和空间要素，如广场、街道和历史性建筑及旧居住区中具有环境意向和邻里归属感的街道空间，标志物如古井、古树、小桥等应采取整体的风貌保护措施，通过环境的延续性产生达到传承历史文脉、保持社会网络的作用。

（二）生态化景观建筑设计

1. 将生态思想引入现代景观建筑

将生态思想引入景观建筑空间，是当代景观建筑最为普遍和最具有生命力的设计理念。强调人与自然的和谐、人工环境与自然环境的渗透融合，是生态化的完美表现。自然的空间要素造就了和谐生态美，成为美学一个新的发展领域。在尊重生态规律的美学法则下，运用科技手段创造自然和谐的建筑室内环境，带给人们旷日持久的精神愉悦，这是一种更高层次、更高境界、更具生命力的和谐有机的美。这样的建筑空间设计在创造环境美的同时，可以节约常规能源和不可再生资源，利用自然、气流、通风形成资源的节约循环利用，减少能源的消耗，体现未来可持续发展的设计理念。

将生态思想引入现代景观建筑空间需要满足以下几个方面的要求。

（1）适应场所的自然过程

从狭义上讲，适应场所强调了景观建筑与周围自然环境之间的整体协调关系。从广义上讲，适应场所还强调了景观建筑环境与地球整体的自然生态环境之间的协调关系，尊重自然、生态优先是生态设计最基本的内涵。对环境的关注是景观建筑设计存在的根基。了解场所的自然过程，如阳光、水、风、土壤等，在设计过程中充分考虑自然因素，将它们有机地、合理地结合在一起，确保自然为景观系统服务，使景观建筑向健康的方向发展，这样的设计才能称为生态设计。

（2）应用高新技术手段

在景观建筑设计中采用高新技术是对当今生态危机的一种积极、主动并且有效的解决之道，因而也是景观建筑未来发展的方向。景观建筑的创作，要求建筑师具有更高的综合素质，不但要掌握被动式生态设计方法的精髓，更要关注相关领域的最新生态型技术发展方向，根据地域的自然生态环境特征，主动应用高新技术手段，对建筑的物理性质（光线控制、通风控制、温度湿度控制及建筑新材料特性等）进行最优化配置，合理地安排并组织建筑与其他相关环境因素之间的联系，使建筑与外界环境统一成为一个有机的、互动的整体。

（3）尽可能满足人的各种需求

人类营造建筑的根本目的就是为自己提供符合特定需求的生活环境。当然，人的需求是多种多样的，包括生理上的和心理上的，相应地，对于景观建筑的要求也有功能上的和精神上的，影响这些需求的因素十分复杂。因此，作为与人类关系最为密切、为人类每日起居、生活、工作提供最直接场所的微观环境将直接关系到人们的生活质量。景观建筑设计在注重环境的同时，还应给使用者以足够的关心，认真研究与人的心理特征和人的行为相适应的空间环境特点及其设计手法，以满足人们生理、心理等各方面的需求，符合现代社会文化的多元倾向。

（4）尊重传统文化和乡土环境

传统文化和乡土环境是当地人根据当地的生活条件，经过成百上千年的经验积累和生活实践形成的，具有很强的当地环境适应性，我们不但可以在传统文化和乡土环境中得到许多设计方面的有益启示，而且还能使设计更加符合当地人的生活习惯，更容易为人们所接受。

（5）选择当地材料

对景观建筑生态设计而言，材料主要是指植物材料和建筑材料的选择与使用。现在城市中存在的许多环境问题都是因为建筑材料选择不当所引起的，充分选用健康无害的建筑材料、利用当地材料甚至场地原有的建筑材料，是生态设计原理在建筑设计中应用的重要体现。例如，陕西窑洞这一传统民居形式适应当地自然条件，就地取材，利用黄土所特有的保温隔热性能——冬暖夏凉，是传统节能、节地建筑的典范。当然，我们在进行景观建筑设计时，也应该注意不能排斥对当地环境条件适应性强，具有较大的观赏、生态价值的外来物种。

2.现代景观建筑生态设计方法

景观建筑生态设计的主要目的是改善人们的居住环境，增强人们与大自然的联系，还能降低能耗，消除污染，保护我们赖以生存的环境。依据其目的，我们可以将现代景观建筑生态设计方法归结为以下几个方面。

（1）尽可能利用可再生能源

可再生能源是生态建筑对能量利用的方法之一，目前应用于生态建筑中的可再生能源有太阳能、风能、地热能等，其中以太阳能的利用最为广泛，技术也最为成熟。自古以来，我们的祖先在修建房屋时就知道利用太阳的光和热。在我国北方大部分地区，无论是庙宇、宫殿，还是官邸民宅，大都南北向布置，北、东、西三面围以厚墙以加强保温作用，南立面则满开棂花门窗以增强房屋的采光性能。这种建造方式完全符合太阳能采暖的基本原理，可以说是最原始、最朴素的太阳能利用。近年来，由于现代建筑能耗越来越高，世界各国都将把在建筑中运用太阳能的研究推向更高阶段。目前，太阳能在景观建筑中的应用主要包括采暖、降温、干燥及提供生活和生产用的电力热水等。

（2）尽可能多地获得自然采光

屋顶是光线进入室内的主要途径，于是各种用于光线收集、反射构件被应用于屋顶。如福斯特设计的德国柏林国会大厦改建的穹顶就是一个新型的采光装置。中庭是建筑中光线进入的主要通道，在生态性的景观建筑中可以看到大量采光中庭。阳光由中庭渗入建筑，通过阳光收集、反射装置到达内部空间，与这个开敞空间相连的房间不仅可以减少一半的热量流失，同时还可以减少制冷消耗。

（3）最大限度获得自然通风

生态建筑师们利用风压、热压及机械辅助的手段尽可能获得自然通风。在前文提到的 Tjibaou 文化中心的设计中，皮亚诺设计了一套十分有效的被动通风系统。由于当地气候炎热潮湿，常年多风，因此，最大限度地利用自然通风来降温、降湿便成为适应当地气候、注重生态环境的核心技术。其原理是采用双层结构，使空气自由地在弧形表面与垂直表面之间形成对流，而建筑外壳上的开口则是用于吸纳海风针对不同风速和风向，可以通过调节百叶窗的开合和不同方向上百叶的配合来控制室内气流。

（4）对废弃物的重新利用

现代景观建筑设计要求重视对废弃物的重新利用，使其服务于新的功能，这样即可以减少能源的消耗，又可以有效处理废物，做到一举两得。在这方面，国内外有许多成功的经验，例如，德国北杜伊斯堡景观公园中的一个广场，是由一个旧工业区改造而成的实例，该广场的地坪是由原工业区遗留下来的47块金属板铺成，此设计不仅利用了废旧材料，还加强了广场的历史意象。受西方产业用地改造的影响，中国的景观设计师也开始了这方面的尝试，俞孔坚在广东省佛山市粤中造船厂旧址上改造而成的中山岐江公园，保留了原场地的船坞、水塔、龙门吊及许多机器，并对它们进行艺术再生和再利用。

（5）建构合理的绿色体系

结合建筑构造技术和先进的电脑控制技术，设计师将绿色生态体系移植到建筑周围，使景观建筑周边具备较强的生物气候调节能力，创造出田园般的舒适环境。诺曼·福斯特设计的法兰克福商业银行总部大厦，成功地将自然景观引入超高层集中式办公建筑中，被称为世界上第一座生态型超高层建筑。福斯特设计了九个14.03m高的花园，沿九层高的中央通风大厅盘旋而上，给大厦内的每一个办公室都带来了令人愉快和舒适的自然绿色景观，并获得自然通风，还可以使阳光最大限度地进入建筑内部。

第三节　建筑景观文化的形成

一、景观建筑与社会文化

（一）意识形态对景观建筑的影响

意识形态集中反映了该社会的经济基础，表现出该社会的思想特征。每个社会的统治阶级的意识形态都是占社会统治地位的意识形态；在社会政治和相关的意识形态下，景观建筑设计也反映出了不同社会阶层的社会愿望。

纵观历史，北京古城以永定门——正阳门——紫禁城为中轴，呈对称布局。紫禁城位于中轴北端，是全城的重点。南北纵长约 960m，东西约 760m，矩形平面。其建筑群基本采取沿轴线南北纵深发展，对称布置的方式。这种严格的中轴对称反映出当时的社会阶层关系，反映出统治阶级至高无上的统治地位，是对封建制度的一种政治回应。除了紫禁城，其他建筑一般采用统一的蓝砖灰瓦、四合院模式，宛如军队般的陈列着，在紫禁城前表现出低微和恭顺。

（二）宗教信仰对景观建筑的影响

社会的发展和政权的交替，使各个时期出现了不同的宗教信仰及特定的民俗文化，两者是形成建筑空间与建筑色彩的重要原因。

（三）传统文化对景观建筑的影响

对传统文化及历史主义的适从，是当代景观建筑思潮的重要组成部分，它强调建筑文化的历史沿袭性，倡导建筑文化必须遵循时空和地域的限制，肯定文化的民族差异性，承认审美活动中的怀旧成分，反对统一的审美时空观和国际大同的文化观念。

但是，历史主义的创作观念并不要求人们全方位地进行传统的复兴，也没有把古典式样作为一种完美范式来模仿，而是把历史作为人们参考的对象和直觉体验形式。因此，历史主义者的作品表现出既传统又现代的种种特性：如用现代建筑材料表现历史文脉；采用变形的古典柱式、断裂山花、拱心石等找回人们失落的情感；在建筑中表现各种历史性主题等。

（四）地域主义对景观建筑的影响

当代景观建筑思潮也表现出对地域文化的倾向，其特点是对西方技术和本地区、本民族文化均采取有选择吸收的态度。在创作中不是刻板地遵循现代建筑的普遍原则和概念，而是立足于本地区，借助当地的环境因素、地理、气候特点，刻意追求具有地域特征与乡土文化特色的建筑风格。他们反对千篇一律的国际式风格，摒弃失去场所感的环境塑造方式，以抵制全球化文明的冲击。他们经常借助地方材料并吸收当地技术来达到自己的目的。

二、景观建筑与文脉主义

（一）当代景观建筑文脉延续的途径

1. 通过城市历史文化的延续

城市文脉是城市在发展过程中的历史文化积淀，不同的城市会形成特有的地域文化。现代景观建筑要真正融入一个城市文脉环境中，就必须结合城市历史文化的发展，在设计手法上对其地域文化特征提炼后进行有效的传承，但前提是必须保护好城市原有的历史文化，使其不受破坏。没有历史文化的建筑终究会随着时代的发展而被淘汰，因此，城市历史文化的延续性传承对于城市景观建筑形象的表现有着极其重要的意义。

2. 通过城市空间的连续性延续

在城市空间结构中，不同地段会呈现出不同的历史形态特征。城市就如同一个网络，以各个建筑元素将不同的历史区域网络连接起来，形成一个个丰富的序列空间。在这些空间里，以建筑为主体的历史文化环境成为其空间特征，并以历史脉络成为人们体验城市序列空间的导向，这样不但可以使人们对城市空间获得清晰的认知，还能使人们迅速识别城市主体形象。这种传承途径有助于城市景观建筑的形成。

3. 通过城市地段的肌理加以延续

城市的肌理是指建筑和建筑之间的公共空间及局部延伸到建筑内的半公共空间所形成的相互关系，这是城市空间形态的二维反映。城市地段肌理的延续是指在城市历史地段景观建筑设计中，对原有地段肌理特征做一定程度的修复、继承。城市历史地段的肌理大多是很有特色的，延续它们的城市肌理是保持空间形态认同感的重要环节。

4. 通过城市建筑的多样统一性延续

一个城市的景观空间特征不是靠一两个单一的标志性建筑形体来表现的，更多的是由大量普通建筑所具有的复杂性、多样性和多元性所决定的。由于城市文脉具有延续和变异的特点，当城市文脉发生变化时，作为城市文化主体之一的景观建筑，同样也会表现出多样化形式。尤其是当今丰富的物质生活、多样化的生活方式，使人们对城市审美的要求提高，由此影响人们对城市特色形象的认同。通过城市建筑的多样统一性传承可以丰富城市活力，但其表现形式必须与城市文脉环境保持协调统一，只有这样，才能创造出理想的城市环境。

5. 通过城市环境中人的心理继承性延续

生活在城市的居民会随着时间的推移对城市环境形成一种历史记忆，并因此产生依附于特定文脉环境的认同心理。这种认同心理的继承性也是城市现代景观建筑的精神功能的表现。人们对景观建筑的认同心理，与他们的社会生活方式、历史传统积淀所形成的思维定式密切相关。人们会不由自主地在新建筑环境中寻找原有的生活方式与环境的影子，这同文脉因素中所包含的历史脉络连续感是相一致的。因此，通过城市环境中人的心理继承性来传承文脉，有利于人们与城市景观建筑产生情感共鸣，从而对城市产生归属感。

（二）当代景观建筑文脉延续的设计方法

延续当代城市景观建筑文脉的设计方法要符合整合理念，其着眼点是对现成结构的把握、使用和改良，实现功能性与艺术性的统一。具体设计方法主要分为以下四种。

1. 修复

"修复"是针对文物建筑而言的，是"修旧如旧"。也就是在修缮过程中，必须遵循的原则是保留真实的历史信息。对于重要的历史景观建筑，修复是保留城市记忆的重要方法。

文物建筑是历史信息的载体，对于城市文物建筑和景观来说，它们原有的使用功能在现代社会可能早已失去意义，而它们的生命就在于其所含的历史信息，失去了这些信息，它们也就失去了存在的价值。同时，历史信息是不能混淆的，更不能复制、伪造的。因此，对城市历史城市文物建筑用"修复"的方式是非常必要的。

2. 调和

调和是指设计对象内各部分追求类似性、连续性和规则性，以构成完整的设计手法，常运用于调整历史地段空间形态、对历史地段原有景观的扩建、增建和添加各类设施的过程中。根据新旧元素的主从关系，可以分为两种方式：按历史景观形式调和、按新景观形式调和。其中，按历史景观形式调和，即从地段整体历史氛围的角度出发，立足于原有建筑形态的特点，寻求新景观建筑可能的形态，使地段整体获得统一的视觉效果。同时，新元素又采用新的材料、工艺、技术和新的形式，与原有历史景观形成区别，以保持历史信息的可识别性。按新景观形式调和，即可以看作地段旧建筑、构筑物形式的更新，原有建筑、构筑物被统一到新建筑的形式中。

3. 对比

对比是把具有明显差异、矛盾和对立的双方安排在一起，使之集中在一个完整的艺术统一体中，形成相辅相成的比照和呼应关系。运用这种手法，有利于充分显示事物的矛盾，突出被表现事物的本质特征，加强被表现形态的艺术效果和感染力。在新景观建筑总体量和总面积明显小于旧景观建筑、分布比较分散且旧景观建筑的历史比较悠久的情况下，选择对比的方式是比较理想的。

4. 转化

转化是直接利用原有景观建筑形态，通过变换各种解决问题的方法，转化原构筑物的存在方式，来达到尽可能保留原有的结构和形态的目的，这种手法适用于非文物类的历史地段。非文物类历史地段既不需要当作文物古董加以严格保护，又不能推倒重来，因此可采用在保护中求发展，在发展中求创新的理念，运用转化手段使地段获得再生。

三、景观建筑与解构主义

（一）解构主义哲学对景观建筑设计的影响

解构主义 20 世纪 60 年代起源于法国，由哲学家德里达基于对语言学中的结构主义的批判，提出了解构主义的理论。他的核心理论是对于结构本身的反感，认为符号本身已经能够反映真实，对于单独个体的研究比对于整体结构的研究更为重要。

解构主义反映在景观建筑作品上，其特点是赋予建筑各种各样的形式内涵，与现代主义建筑追求的秩序、整齐简单划一的形体设计倾向相比，解构主义建筑师常常采用各种散构和分离的手法，把习以为常的事物颠倒过来。在他们的作品中，轴线已被转移，均衡、对称的手法亦被肢解，并且通过重叠、扭曲、裂变把整体分解成无数片断，造成多层次的扩散，在冲突与对立中构成奇异的解构空间。当然，解构主义并不是随心所欲的设计，尽管不少解构主义的建筑貌似零乱，但它们都必须考虑到结构因素的可能性和室内外空间的功能要求。从这个意义上来说，解构主义不过是另一种形式的构成主义。

所以，从审美模式方面，如果说现代、后现代、晚期现代建筑所关注的都是审美的结果，即读者理解其美学意图后的审美愉悦的话，解构主义建筑师强调的是审美的"过程性"，即"读者"阅读时的审美愉悦，故他们强调的不是文本的"可读性"，而是"可写性"。

解构主义是建筑发展过程中对解构哲学理论的思考和探索，也是对主流文化的挑战。解构主义发展对造型语言会产生持续的影响，能进一步扩大景观建筑设计的艺术视野，丰富现代景观建筑设计的形式语言。

（二）解构主义设计的形式语言与表现特征

1. 解构主义设计与"反形式"和"反美学"

现代艺术进入 20 世纪之后，开始了针对传统秩序的解体过程，大体上在两次世界大战之间形成了普遍观念，广泛地影响了建筑及城市景观的设计创作。

景观建筑是一个城市面貌和景观的最为关键的因素之一，其影响力无疑是巨大的，它的存在恰好成为解构主义在设计领域影响的主要对象。不论解构主义还是反构成主义建筑，它们都有自身独立的设计语言，它们将各种城市空间元素或城市中的系统甚至是理性的元素符号重新加以组合，进行冲突性的布置、叠加，使空间的内外部产生变形、扭曲、解体、错位、颠倒，造成一种无秩序、不稳定、不和谐的城市景观形象，与传统的形式美法则强调和谐统一、讲究局部服从整体的建筑形象形成鲜明对比，也就是"变形"或"反形式"的城市建筑。显然，它们不符合形式美的规律和整体性原则。解构主义正是极力反对这种整体性，它拒绝综合，崇尚分离，主张冲突、破碎，反对和谐统一。

2.解构主义设计的多义性与模糊性

解构主义设计一反西方传统美学和现代建筑美学所体现的明确主题采用虚构、讽喻式拼贴、象征性手法、滑稽地模仿、在矛盾对立中引进第三者……这些手法使后现代建筑呈现出游弋不定的信息含义、空间构成的模糊性、主题的歧义性和时空线条构筑的随机性。解构主义设计从形态关系出发，探索纯粹几何形态的构成性，以感觉性、自由性的方法创作作品。在具体手法上引入"构""动""多媒体"等因素，运用冲突、穿插叠合、错位等技法，形成对比极强的、不稳定的视觉形象与构图效果，因此，解构主义的作品在空间处理上既像内又像外，既用抽象构成又使用具体手法，产生了暧昧、含混与虚幻的效果。

解构主义建筑正是由于本身的模糊性和多义性，使得其艺术语言也呈现出纷繁复杂的面貌。吴焕加教授在《建筑与解构》一文中，总结出解构建筑一些共同的形象及形式特征：① 散乱，形象构成支离破碎，疏松零散，避开轴线和团块状组合，在形状、色彩、比例、尺度等方面的处理上极度自由；② 残缺，不求齐全，力避完整，许多局部显得残损缺落，或追求未完成感；③ 突变，种种元素和各个部分的连接常显突然，不求预示、过渡，却显生硬、牵强，如同偶然相碰；④ 动势，采用大量倾倒、扭转、弯曲、波浪等富于动态的体形，形成失稳失重，如同即将滑动、错移、翻倾。

每种风格的设计手法都有它特定的特质和意义，解构主义设计也是一样。首先，在形式语言上作出了独特的探索，对新的审美意识的发现、对传统的价值提出质疑等作为其积极的一面。其创作倾向在思想方法、艺术特征、美学原则、价值观念等方面，对以往的基本原则及规范提出了质疑，是其形成和存在的前提。其次，解构主义建筑师致力于另一个方向的探索，发展了一系列与机遇和偶然性相联系的设计方法。这类探索拓宽了创作视野，表现并强调了具有特殊性或偶然性的事物，丰富了设计手法和语汇。填补了建筑创作技法上的空白。最后，解构设计致力于揭示、挖掘、运用以往创作活动中被忽视、被抑制的方面，特别是开拓那些被古典主义、现代主义及后现代主义忽视和抑制的创作可能。因此，可以认为解构理念的重心在于发展和揭示建筑设计中被忽视、被抑制的事物，其实践活动唤醒了一种陌生的审美意识，即对长期以来一直在正统审美概念之外的冲突、破裂、不平衡、错乱、不稳定等形式特征的审美。

第六章　道路景观文化

第一节　道路景观文化概述

一、道路景观

（一）道路

《现代汉语词典》解释说，道路是"地面上供人或车马通行的部分"。因此，道路的内涵是极为丰富的，从乡间的羊肠小道到现代化大都市的城市干道，都是道路。但是，当我们把道路作为土木建筑的一部分，并以道路景观来进行论述的时候，它的内涵自然也就更为丰富了。道路种类繁多，以道路两边的建筑立面和道路的宽窄来分，可以分为街道和巷道；以道路上的通行物来分，可以划分为车行道和步行道；以道路的结构形象来分，可以划分为平行道、立交道、梯行道；以道路通行的空间来分，可以分为隧道和敞道；以道路上通行的机动车的性质来分，可以分为公路、轻轨和铁道……如此等等，不一而足。

（二）道路景观

所谓道路景观，就是包括道路本体、道路附属物（绿化带、车站、路灯、栏杆、果皮箱、水箅口、广告栏、指示牌、信号灯等）、两侧建筑立面及周边自然环境在内的一种有别于块状与片状景观的、连续的带状空间形态。道路景观的构成十分丰富。根据对道路景观的不同观察角度、研究角度与研究方法，对道路景观的构成，存在不同的分类。

第一，按景观的图面构成分类，较之于片状与块状的空间而言，道路景观属于带（线）形空间。河流、溪流也属带（线）形空间，但与之相比，道路景观又是一种供车行与人行的带（线）形空间而非供舟船通行的带（线）形空间。

第二，按道路景观客体构成要素分类，道路景观包括道路自身及沿线区域内全部的视觉信息，还包括自然景观与人文景观两大类（见表6-1）。

第三，按道路景观主体的活动分类，可分为动态景观与静态景观两大类。当观看道路景观的人在高速的行车状态中，道路景观被视为动态景观；当观看道路景观的人处于静止状态下时，道路景观可以被视为静态景观。如果比较园林及城市社区景观，道路景观则总体上属于动态景观。

第四，按道路景观的规划建设方式分类，也可以分为两大类，即保护与利用景观；设计、创造景观。处于规划建设红线内的道路景观，是道路的实体景观；处于规划红线之外需要保护利用的景观，是道路的附属景观，在景观学上，被称为"借景"。

表6-1 按道路客体的构成要素分类的道路景观

一级分类	二级分类	三级分类
自然景观	动物	人自身，常见家禽及人养动物，飞禽走兽
	植物	树木、草原、人工花草、行道树等
	地形、地貌	山行土塬、沙丘、农田、原野、奇峰异石、峡谷、石林等
	水体	江、河、湖、泊，沙滩、船、帆，海岸、湍流、瀑布
	天象、时令	云、雾、雪、雨，日出、日落、朝霞、暮晖、月圆月缺、星辰灿烂、春夏秋冬、季节变换
人文景观	虚拟景观	历史传闻、诗词碑记、寓意象征、古迹遗址、神话传说、名人轶事
	具象景观	沿途景观：地域风俗、服饰，城乡建筑景观，电网、水网、路网 道路景观：道路线性色彩，桥、隧道、立交、出入口、护栏、分隔带、绿化带、标牌、照明、指示等 环境艺术：道路绿化、服务区休息场所小品、雕塑等

二、道路景观文化

道路景观文化的外延相对较小，它包含的只是各类道路景观形态及其所包括的文化内涵。

（一）道路景观文化的概念

道路景观文化包括广义与狭义两个方面。广义的道路景观文化，是指道路路域沿线景观所包含的物质文化与精神文化的总和。狭义的道路景观文化，是指由道路路域——道路本体（线形、质地、色彩、绿化、标识）、道路附属物（车站、路灯、栏杆、果皮箱、水箅口、广告栏、信号灯等）、两侧建筑立面及周边自然环境等所构成的一种连续的带状空间形态实体，以及它们所反映出来的具有艺术、媒介、思想、历史文化、生态、教育等价值与意义的全部内容。

因此，研究道路景观文化，包括两方面的内容：一是研究道路景观的外在形态，从道路空间的外在景观特点，进行"物"的研究；二是研究道路外在景观形态下包含的精神文化、思想价值意义，分析思想文化、精神伦理与物质文化如何在道路上实现统一。提升到哲学的层面来考虑，一方面，研究精神文化如何影响道路景观的形成；另一方面，研究道路景观如何通过"道"的实体形态来弘扬精神文化。

（二）道路景观文化的特点

道路景观陈列于道路路域沿线，空间上呈线形或者说带形，时间上具有序列性——任何人要想欣赏道路景观，都需要沿道路一端向另一端通行，随着前行的时间变化，道路景观按序列依次呈现出来。所谓道路景观文化，就是呈现于道路沿线的景观——实景（包括路体、附属物、绿化、建筑立面等）、借景（道路沿线视域范围内的所有景观）、虚景（历史文化传说、人文风俗习惯等）等所表现出来的景观（包括色彩、形状、质地）的特点，以及这种景观外在形态中所内含的艺术特点、思想文化内涵、历史文脉、生态文明、传媒特征等诸多内容。

（三）道路景观文化的要素

道路景观文化的构成要素丰富多彩，如果排除物质性质、交通制度要素，道路景观的精神文化内容主要由以下六个方面构成。

1.道路景观文化的艺术要素

道路的景观艺术反映的是一座城市或一个地区道路景观的美学特点。道路作为主要的带形空间线路，规范、确定了一座城市或一个区域线形景象生成的空间序列和时间序列，其本身也构成了该地域形象的重要部分。正如衣服不仅具有蔽寒遮羞的作用，同时也有装扮人的形象、表现人的性格与审美的作用一样，道路也不仅仅只具有实现人流、物流的交通功能，同时也反映了它所在城市环境与地域的艺术审美取向。以道路景观美学的视角来看，作为线形的城市道路空间是以一系列变化着的三维构图呈现出来的，这种图景表现为连续相贯的首尾不断移动，其视点是连续地运动着的整个空间，着眼点是道路景观的延伸变化生成的效果。同样是通过道路的线形、色彩、绿化、雕塑、小品等来反映道路的美，为什么不同的国家与民族，不同的地域与城市，其表现出来的道路景观艺术形态就完全不同呢？答案可能有很多种，但其中最重要的是不同的国家和民族，不同的地区和城市，它们的民族个性与艺术审美取向是不一样的。

2. 道路景观的媒介因素

道路景观的媒介因素需要从建筑学和媒介学两个角度来确认。从建筑学的角度来看，建筑景观形态的传播功能早已有学者关注。例如，被称为新文化地理研究的代表人物的美国学者杰姆斯·邓肯就在他与人合编的书中把文字、口传和建筑景观列为人类储存知识和传播知识的三大文本。法国18世纪的建筑师克劳德·尼古拉斯·勒杜也认为："纪念性建筑的个性，如同它们的本性一样，是服务于传播和净化道德的。"❶ 这种关于景观形态作为一种媒介因素，以隐喻、暗示的形式对人产生思想、情感、行为影响的论点还可以从大量关于建筑与环境对人产生影响的论著中找到。

正如许多概念都有广义与狭义之分，从传播学角度所说的媒介来分同样存在狭义和广义之分。被誉为"现代大众传播学之父"的威尔伯·施拉姆认为："媒介就是插入传播过程之中，用以扩大并延伸信息传送的工具。"❷ 在此基础上来定义的媒介就是报纸、广播、期刊、电视，以及今天人们称为第四媒介的网络。但从广义媒介的角度而言，媒介具有更丰富的内涵。被称为大众传播学鼻祖的马歇尔·麦克卢汉就对媒介有着比威尔伯·施拉姆更广的定义。麦克卢汉认为："从社会意义上看，媒介即讯息。""在事物的运转的实际过程中，媒介即讯息。"❸ "因为对人的组合与行为的尺度和形态，媒介正是发挥着塑造和控制作用。"❹ 道路，无论是公路、铁路、轻轨，只要人们使用它，就会对人自身的重新组合与行为产生交通行为规范，道路就会对人发挥着塑造和控制作用，可见，道路即一种广义的媒介。因此，麦克卢汉把道路作为一种媒介与纸质媒介并列，认为："社会群体构成的变化，新社区的形成，都随着信息运动又借助地面的讯息和道路上的运输。"❺

当前，国内也有将桥梁视为媒介的论说。如蒋宇的《视为一种媒介：桥梁的传播过程研究》一文，就是在把桥梁视为一种媒介的基础上，借鉴了媒介传播过程中的"传播者、传播内容、媒介和受传者"及传播模式中"创造、欣赏、反馈三个系

❶ 陈志华. 外国古建筑二十讲 [M]. 北京：生活·读书·新知三联书店,2004.

❷ （美）威尔伯·施拉姆（WilburSchramm），（美）威廉·波特（WilliamE.P.）. 传播学概论 [M]. 北京：中国人民大学出版社，2010:6.

❸ （加）麦克卢汉. 理解媒介——论人的延伸 [M]. 南京：译林出版社，2011:18.

❹ （加）麦克卢汉. 理解媒介——论人的延伸 [M]. 南京：译林出版社，2011:20.

❺ （加）麦克卢汉. 理解媒介——论人的延伸 [M]. 南京：译林出版社，2011:141.

统构成"对桥梁进行分析。● 如果将桥梁视为一种大众媒介是有道理的，那么将道路景观视作一种大众传播媒介则更是有充分理由的。至少可以从以下三个方面来分析。

一是从交通系统的角度来看，桥梁是道路的构成系统之一。从道路系统的角度来看，桥梁只是道路的一部分，甚至可以说，桥梁只是一种特殊的道路。所谓桥，其实就是从此端到彼端之间可架设的一条跨越空间障碍的人造线形空间。桥上一定有路，世间没有无路的桥；一定路程的道路或多或少总会有桥。无论是古代单向通行的桥梁，还是现代公路、铁路、轻轨等系统中存在的多向、多运载工具通行的立交桥，它们都只是道路系统的构成部分，世界上不存在只有桥没有路的交通设施。

二是从建筑学的角度来看，无论是桥梁还是道路，都属于建筑大范畴。单体建筑房屋以它的方位、色彩、立面、内部空间结构向人们传达着某种文化信息，桥梁以它的造型、色彩、线体、结构形式、合龙石等来传达它的思想文化、美学信息，道路则是通过它的线形、节点、绿化、建筑立面、附属设施（路缘石、指示牌、车站、路灯、路边小品、广告橱窗）来向人们传达它的文化信息与美学价值。

三是从景观学的角度来看，总体而言，桥梁、房屋等建筑只是在一个点或面的空间来展示、传播它的文化与美学信息的，而道路则是在一个线形的空间上，通过道路两侧建筑立面、绿化、道路附属设施甚至跨越道路的桥梁侧体形态等诸多方面来传递它的文化信息与美学价值的。由于道路的线形通达性特点，它较之一般建筑更具有一种特点，即除了道路本身的线形景观外，还有将道路两端的建筑联系起来，实现建筑景观从空间的序列性到时间的连接性。

综上所述，如果作为道路交通构成部分的桥梁被视为一种媒介是被人们所承认的，是能成立的，那么，作为道路交通本体的道路景观整体，其媒介因素齐备，理当更是一种具有特殊意义的大众媒介。被视作大众传媒的道路景观，其传播过程基本可以分为四个时段和内容。

第一是道路景观的设计者，亦即传播学中的发讯者。道路景观的设计、施工与完成，会对人的视觉产生影响，并由眼及心，从而形成视觉和精神文化两方面的影响。如果从传播的角度来看，所谓发讯者，是指通过发出讯息的方法对他人产生影响者，可以是个人，也可以是团队，甚至还可以是组织。道路景观作为大众媒介的载体，传播者或者说发讯人就是道路景观的设计者和建设者。道路及两侧的建筑立面形成了城市街道、附属设施，包括绿化、小品、指示牌、广告栏、果皮箱、车站、

● 蒋宇．视为一种媒介：桥梁的传播过程研究[J]．西南民族大学学报（人文社会科学版），2011,32(09):177-180.

路栏、路灯等一系列设施的色彩、形态、排列状况、空间安排等，都反映着这种带形空间的景观特点，而这些特点又与设计者和建设者的建设思想、生活习惯、审美心理取向紧密相关。

第二是景观内容，亦即传播学中的传播内容。与纸质、电子、网络等媒介使用的传播载体主要是语言、声音、图画等不同，道路景观主要由建筑语言、绿化语言、小品语言、带形空间语言来传达它自身的景观美、文化内涵、思想与精神。从传播学来讲，传播信息的本身就是传播内容。因此，道路的具象真实景观与虚拟景观本身就是道路传播的内容。这包括了道路本身——色彩、质地、线形，点、线、面设计与处置等；道路上穿行的车，来往的人；周边环境——实体环境，如绿化、建筑立面的风格、附属设施的品位，以及虚拟环境，道路路域周边的历史史迹、民间传说、名人逸事等。

第三是道路景观观赏者，亦即传播学中的受讯者。道路景观与纸质媒介和电子媒介的最大区别在于，它是一种观赏者"非看不可"的景观。电子媒介、纸质媒介只对主动打开它、观看它的人产生作用，道路景观却不同，只要使用道路，不管是车行还是步行，都必须看，世界上还没有不看路行走的人，也没有不看路行车的人。人只要上道看路，就会被迫接受道路景观，也就是说，道路景观作为一种视觉传达媒介，是人们必须接受的视觉景观。用传播学的语言来讲，就是所有走在路上的人都是道路景观内容的受讯人。道路景观的传播过程中，受讯人无论是以欣赏者的身份去主动地观赏道路景观，还是以纯粹的道路使用人的身份去被动地受制于道路点、线、面的规制，他都会自觉与不自觉地受到道路景观的影响。前者多会从欣赏景观中获得美的、艺术的、思想文化的、历史文脉的享受；后者无论是情愿还是不情愿，多会通过在道路这个线形空间的穿越或通行中，留下景观形态的印象，形成对这一地域的粗略认识。总之，道路建成以后无论优劣，它的景观也就形成了，并通过显性的与隐性的方式，向使用道路和欣赏道路景观的人传达着物质信息、思想文化信息、历史文脉信息与审美信息。

第四是道路景观本体，亦即传播学中的传播媒介。在传播过程中，媒介就是道路景观本身，它以线形空间形态（包括建筑立面、绿化、小品、车站、标志牌、路灯等），以及在这一空间中行驶的车、走动的人及物态空间中流传的故事等诸多形式传递物质信息、思想文化信息、审美信息等。道路景观的内涵非常丰富。从季象来说，有一年四季——春夏秋冬；从气象来说，既有风和日丽、春暖花开，又有阴霾雾雪、雨雪霏霏，既有骄阳似火，又有风霜雪雨；从时间来说，既有朝阳初照，又有晚霞万里；从动态景观来说，既有行人匆匆，车行如流，又有人在车中坐，车在路上行；从静态景观来说，既有历史遗址、诗词碑记，又有城乡建筑、山形土塬、沙丘农田；等等。但是道路传递信息的方式与其他媒介，如通常的报纸、期刊、书籍、电视、网络不同，这类被广泛认可的媒介，是以直接复制的方式，生产出数不胜数的大量信息，并以自身为载体，通过人们的视觉或听觉把信息传送到内心，人们可以在任何有条件的空间与时间里，用自己的方式获取这些信息。但是道路位于城乡中不同的固定位置，无法复制信息载体，只能利用人流变化的特征，将道路的各种信息通过照片、视频、语言的方式，借助电视、报刊、手机、网络等传递给社会各个角落里的受众，从而同样达到信息大量传播的目的。由于道路所连接的区域之间、城市之间总有或多或少的人员往来与交流变化，也因此会带来不定量的信息交流与联系，其中必然包括关于道路本身的物质信息和审美信息的传递。所以，道路景观能体现出大众媒介的功能，将传播者规划、设计、建造道路时的审美趣味、价值观念、思维方式等源源不断地传递给大量的受众，并对使用和欣赏道路景观时的受众产生潜移默化的影响。

真正具有媒介意义的道路景观，是那些经典的道路。历史道路景观向人们传播的是城市的历史文脉信息；文化景观道路向人们传递的是城市的文化信息；生态景观道路向人们传递的是生态文明信息。而体现城市精神、代表城市个性、反映城市整体形象的，一定是城市最经典的道路，人们可以通过这条城市街道来阅读城市、了解城市、进入城市的精神世界，因此，它应是最具传播价值的城市媒介。

3. 道路景观的思想价值要素

景观体验反映了人对环境的直觉反应，它受到特定的文化、社会和哲学因素的深刻影响。人对景观的感受性背后存在完整的思想体系，它先于感受而发生作用，并且决定了人对景观的态度。"景观体验所涉及的社会学的、哲学的和艺术问题使我们必须考虑不同的文化背景和脉络。例如，特定的社会制度和社会发展进程影响到人们的信仰、思维方式、生活方式和传统甚至情绪，进而决定性地影响到人们的艺术品位及艺术实践的方法。"❶ 上述论述，一方面，是从对景观的欣赏或者针对受众者而说的；另一方面，也是从景观的设计者，或者针对景观的打造者说的。两方面的论述说明的是一个共同的问题，即景观形态反映思想价值，因此，景观思想文化价值是以物态的、艺术的形态表现出来的，是一种思想意识形态的物化！精神力量的对象化！价值观念的艺术品化！这不仅适用于一般景观，当然也适用于道路景观，所不同的是：一般的景观，多指片形的、块状的社区景观、园林景观，而道路景观

---

❶ 吴家骅. 景观形态学：景观美学比较研究 [M]. 叶南，译. 北京：中国建筑工业出版社，1999:11.

则属于带状的、以序列顺序排列的景观。以华盛顿林荫大道为例，它以三角形的道路布局，隐喻美国是一个三权鼎立的国家；它以华盛顿纪念碑的崇高——哥伦比亚特区最高建筑——喻示华盛顿精神的崇高。华盛顿林荫大道景观蕴含了思想上的、意识形态上的内涵，景观只是它的外象，而外象的形式里却内含着一种价值取向。

4. 道路景观的历史文化要素

道路景观文化还可以通过历史街区与历史道路来表达。美国确立的许多风景路中，就有以历史文脉作为主要特色而被纳入其中的。在美国的"国家风景道计划"中，历史性也被作为评价标准之一。如弗吉尼亚的弗农山纪念公路就是具有历史纪念意义的历史景观路。该道路"设计中突出要求保护景观特征和减少侵蚀。设计理念包括景观面貌和历史特征的凸显和保护"❶。世界各大城市中的历史街区，都具有历史文化的特色，都是道路景观的历史文化表达。巴黎香榭丽舍大街协和广场（原名路易十五广场），西至星形广场（又名戴高乐广场，中央有凯旋门），协和广场可视为大革命的起点，星形广场的凯旋门可视为资产阶级大革命胜利的标志（它为纪念拿破仑打败普奥联军而建），因此，走完了香榭丽舍大道，其实也就检阅完了法国大革命的历程。我国自 20 世纪 90 年代以来，在城市开发的大拆大建中，也注重对历史街区的保护，已出台四批以上历史文化名街，如北京市国子监街、山西省晋中市平遥县南大街、黑龙江省哈尔滨市中央大街、江苏省苏州市平江路、安徽省黄山市屯溪老街、福建省福州市三坊七巷、山东省青岛市八大关、山东省潍坊市青州市昭德古街、海南省海口市骑楼街（区）（海口骑楼老街）、西藏自治区拉萨市八廓街、重庆市沙坪坝区磁器口古镇传统历史文化街区、安徽省黄山市歙县渔梁街、河南省洛阳市涧西工业遗产街等，这些街道景观都具有向人们传达这些城市历史文脉的特色。

5. 道路景观中的生态文化要素

正如道路景观可以传达历史文化信息与艺术美学信息一样，道路景观同样也可以传达生态文化信息。在炎炎盛夏，当人们看到古罗马军用大道两旁矗立着的高高的、拥有绿色巨伞般冠盖的罗马松时，这种道路景观传达给人们的信息是，树下是阴凉的——道路景观具有调节气候的生态意义在东方，与古罗马军用大道具有同样悠久历史的中国四川剑阁翠云廊景观——道路两旁森森古柏已有几百年甚至上千年的树龄，其传达给人们的信息与古罗马军用大道完全相同。因此，道路景观具有传达生态文明的作用，换言之，道路景观文化可以反映出一种生态文明。今天，道路景观所反映的生态文化较之古代有了更多的内涵。如道路生态绿化体现出来的道路的"仿

---

❶ 余青，胡晓苒，宋悦. 美国国家风景道体系与计划 [J]. 中国园林，2007(11):73-77.

自然绿化""降低污染的绿化""去人工化的植被恢复"等及道路水泥边坡绿色植被的覆盖，城市河道及岸边道路的自然生态植被等，都向人们传达了这样的信息，生态道路景观是类自然的景观，它具有最大限度的净化空气、降低噪声、消解污染、调节气候的功能，而非仅仅只是非图案对称、造型工整的几何形态花园。

再如，欧美、日本的许多高速公路边，常有野生动物通过，路旁设的标牌上的图标或是野鹿，或是黑熊，当人们驾乘汽车经过时，获得的信息就是这些生长于此的动物是要得到保护的，于是在驾车过程中，驾驶员会高度重视，避免因超速而引起对野生动物的伤害；作为游客，就会注意景观两旁的情景，看是否有机会看到穿路而过的野生动物。这种有野生动物的交通标志，实际上不仅传达了一种交通信息，同时也传达了一种生态信息——要注意对野生动物的保护。又如，弗莱堡街道上的绿化，树木不用修剪，青草自然生长，仿佛自然拥抱着城市，城市融入了自然。

6.道路景观内含的教育要素

道路景观还具有教育的因素。当我们说到道路景观的艺术美、媒介性、思想价值、历史文脉、生态文化等要素时，道路景观同时也就具有了教育的意义。也就是说，人们常常在对城乡道路的"阅读"、欣赏中获得某种知识。当一个人从道路景观中获得知识的时候，他就受到了教育，由于这个教育是由道路景观给予的，因此，道路景观也就起到了教育的作用。许多去欧洲的人，在法国与德国的大街上看到了两种不同的景观：德国街道上跑的车，基本都是德国的汽车，日本的、法国的、美国的车或者没有，或者很少；而法国街道上的车却五花八门，既有法国的，也有德国的、日本的，还有美国的。于是人们就从这个道路景观上获得了德、法两国不同民族性的知识：德国人对自己国家的制造业是充满自信与自豪的，所以在选汽车时，只选德国车，并形成了一种风气，如果有谁去买外国车就会显得另类，于是德国人就"从善如流"了；法国人讲究实用，追求生活的多元，因此在选择时，完全根据自己的个人爱好，完全不考虑外在因素，这也从另一个方面反映出法国人的自由的个性。在亚洲也同样如此，日本、韩国大街上的汽车，几乎清一色都是本国造；而在东南亚，如泰国，满街跑的主要是日本车。人们会从城市道路景观中满街行驶的汽车看出这个国家某个方面的特点，这就是道路景观给予他们的教育。同样，当人们从道路景观中获得相关生态文化、思想文化、审美取向等相应的知识时，道路景观这时就成了这些知识的载体，成了人们获取知识的景观，因此，道路景观也就具有了十分浓郁的文化教育意义。

第二节　道路景观的文化分析

一、我国古代道路景观文化分析

（一）古代城市道路景观文化分析

我国古代城市道路景观主要有以下几个特点：一是里坊通道宽阔平直；二是里市街道空间人性化，但缺少市民集聚的公共空间；三是街道界标分明，牌楼或坊门是城市街道划分的标志空间。这些特点反映出了鲜明的文化特点：一是城市管理严格规范；二是城市道路空间文化既具有人性的特点又有内敛性；三是城市道路空间方位的识别性高。

1. 里坊通道宽阔平直

由于受井田制的影响，中国古代除了受地理限制外，多数城市布局都呈方形网格状。都城内中部或中北部是皇城宫城，皇城周边是里坊。连接里坊与里坊、里坊与皇城的是经涂纬涂，周边是环涂——这就是里坊通道。结合里坊的布局与沟通皇城、宫城、里坊道路的交通系统来看，从文化的角度来分析，这种道路景观形态至少反映了三种历史文化特点。

第一，它是古代城市管理制度的体现。闾里制下的空间形态，受井田制的影响，由经涂、纬涂划分，四周筑墙，每面仅开一门，朝启晚闭，十分便于管理。这类城市道路两侧的景观，除行道树外，即是坊墙。由于"街衢绳直"而缺少变化，无巷口道门供人遁形，对于捕亡奸伪、维护治安十分有利。唐长安更显特别：连接里坊之间的通道已超出了道路交通本身的需要，但它为什么还要修这么宽呢？有人在比较分析了唐长安城与欧洲古代城市米利都（古希腊）、提姆加德（古罗马）、米朗德（中世纪法国）的布局与道路系统后得出的结论是："一个西方网格城市的街廓和街道在长宽各放大 10 倍后，才达到了与唐长安坊里相当的尺度。"● 并认为，之所以如此，是因为唐长安的里坊"不是街廓，而是一个个强制移民的小城镇；唐里坊之间的大街不是现代意义上的街道，而是小城镇周边实行半军事化管制的隔离带；唐长安不是一个现代意义上的城市，而是近百个以农业经济为基础的、布局严整的、高

● 梁江,孙晖.唐长安城市布局与坊里形态的新解 [J].城市规划,2003(01):77-82.

度组织化的小城镇群"❶。尽管这个说法并未得到学界的一致认可，但这个宽阔的隔离带——连接里坊的道路系统对调动军队、捕亡奸伪、使骑兵快速到达全城的每一个角落是非常有效的，也是研究者的共识。而里坊四门的晨启夜闭，又为城市治安管理提供了有利的硬件条件。

第二，它是中国封建等级制度文化的体现。所谓"匠人营国，方九里，旁三门，国中九经九纬，经涂九轨，左祖右社，前朝后市，市朝一夫"体现的是一种规制，这种规制内包含宗法礼制，也内含相应的等级制。所谓经涂、纬涂、环涂等，如前所叙宽窄度各有等级，同时与闾里中道路的宽窄也有区别。总体而言，皇城宫城居于城市中心区或北部中位，闾里（从隋改称坊里）紧靠宫城四周者往往是贵为皇亲国戚、高官、大夫的家族。在中国人的空间意识里，中为尊，侧为卑；北为尊，南为卑；高为尊，低为卑。将宫城皇城、闾里之间隔开的经纬涂网格通道，既连通城市内的各个基本单元坊里（闾里），又划分开了各自的空间，呈现出了尊卑有序的城市格局。汉长安、唐长安都有统一安排闾里的，例如，西汉长安"一般居民只能住在城的北半部或城门的附近，只有少数权贵才能在未央宫北阙附近居住，故有'北阙甲第'的称谓"❷。"宣平门附近居住着不少权贵，被称为'宣平之贵里'。"❸如果汉长安城还存在"宫殿与民居相参"的混杂情况的话，那么到了北魏邺城和隋唐长安城，就已将统治阶级和普通民众的居住区闾里，以经纬涂的城市网格将其分开，实现了权贵与贫贱"不杂处"的城市空间格局。在古代中国还以坊里的形式，或按商业贸易的货品类，或按居住人的职业类别将其进行分类。《洛阳伽蓝记》记载："市东有通商、达货二里。里内之人，尽皆工巧屠贩为生……市南有调音、东律二里。里内之人，丝竹讴歌，天下妙伎出焉……"❹这种通过闾里和里坊，以道路分割城市不同空间的建制，不仅使我们看到了现代以功能规划城市区域——商业区、生产区、居住区之源流，更重要的是，它以城市空间的形式向我们传达了封建等级制度下的城市空间划分，它是思想文化与制度文化的物化——城市空间的政治文化表达。

第三，它是中国古代思想文化的体现。古代中国城市建设受《周礼·冬官·考工记》的影响。此文典现叫《周礼》，原名为《周官》，是讲设官分职的书，汉刘歆在编

---

❶ 梁江，孙晖.唐长安城市布局与坊里形态的新解[J].城市规划,2003(01):77-82.

❷ 马正林.中国城市历史地理[M].济南：山东教育出版社,1998.

❸ 同上.

❹ 刘继，周波，陈岚.里坊制度下的中国古代城市形态解析——以唐长安为例[J].四川建筑科学研究,2007(06):171-174.

《周官经》六篇为《周礼》时，因《尚书》中亦有一篇《周官》，担心两者混淆，故将其改名《周礼》。它深刻地体现了中国传统的思想文化。其中对建筑、道路、城门都有数字要求，特别强化"三"在城市建设中的数字特色。一般而言，经涂、纬涂各分三道，城市呈方形四面，每侧三门，道路与三门相对。中国传统文化中，数字一、三、五、七、九为阳数，其中三、五、九在建筑中得到了广泛运用，其中三的运用最为普遍，在城市建筑、道路景观中最为常见，形成了中国最有特色的建筑景观。例如，《周礼·冬官·考工记》中所有数字均为阳数（现代叫奇数）。三、五、九等对中国古建筑的影响广且深，并形成了中国文化下的建筑审美。

2.城市街道空间人性化，但缺少市民集聚的公共空间

闾里制度下的城市道路，因每一闾里（或里坊）四面只能开四个门，晨启夜闭，因此，闾里之间、闾里与皇宫之间的道路，不是现代意义上的街道。汉长安的经纬之涂宽度达45米，唐长安的经纬之涂宽度更是达到150米左右，因此，它们不是城市交通需要的宽度，而是城市管理、治安、军事需要的宽度。闾里内的道路又是另外一种情况。它们有一字形、十字形、井字形等形态。不仅在宽窄度上具有人性化的尺度，一般在10~20米，同时更有人性化的街道空间形态安排。至于宋以后的城市道路，因废除了里坊制，城市房屋可以面街而开门窗，设商肆，因而城市道路的商业功能与街道景观文化功能两者均已得到实现。

如果从建筑结构的文化视角来看，宋以后的中国城市道路之所以充满人性化的空间，是因为它其实是中国北方四合院和南方三合院的变异。四合院是四面合围，形成了一个家庭的内在隐私空间；三合院是三面合围，形成了具有散湿功能的（针对南方暖湿气候）相对内生性的空间。而古代中国的城市道路就是将这种四维空间打通成两维，三维空间打通成一维而形成一条线形空间。

中国古代建筑几千年来并未有大的变化，"建筑设计的基本原则在三千五百年至四千年前便已经大体上确立起来，它的发展真的如梁思成那么说的'四千年来一气呵成'"❶。"两面坡的人字屋顶一般都是主体房屋。主体房屋之外，在前后或者左右，通常都连带有一些单坡面坡屋顶的房屋。"❷因此，几千年来，由房屋建筑构成的城市街道的空间形态也就几乎没有什么大的变化。而中国房屋建筑在材料上最大的特点是土和木，这与西方国家以石头为主要建筑材料是不一样的。由于以土木为原材料，带来的另一个特点便是斗拱结构的盛行。斗拱的实用功能是可以避免风雨阳光对房

---

❶ 李允鉌.华夏意匠：中国古典建筑设计原理分析[M].天津：天津大学出版社，2014：48.

❷ 李允鉌.华夏意匠：中国古典建筑设计原理分析[M].天津：天津大学出版社，2014：49.

屋立柱的侵蚀，并使房屋的空间形态形成了一个可以遮风避雨的屋檐。相对道路而建筑的连排的房屋，形成了连续的屋檐空间。排排相对的房屋，门当户对，窗口相向，都对着屋檐下的走廊与朝天的道路，这就形成了屋内与屋外的一种可视的互动空间。这种城市道路景观形态具有三大特点。

第一，从人与自然的关系来讲，古代中国式城市街道均有宽大的屋檐相对，城市道路由两边的街檐行道与中间的人车道构成，体现了人与自然关系的和谐。一方面，在风和日丽时，街旁商肆内的经商者与行人可以近距离地实现有效的视线交流与语言交流，在街道上享受春风、日光的沐浴；另一方面，在刮风下雨时，人们可以借助街道屋檐遮风避雨。无论南北，无论建筑样式之差别，中国式建筑的屋檐都有遮风避雨的作用。因此，这种城市带形空间是人、建筑、自然环境三者的和谐统一。

第二，从心理和社会的角度而言，古代中国式城市街道为人与人之间的有效交流提供了可视的空间形态（唐代及以前的城市道路主要指的是城中里坊内的道路）。古代中国所有城市街道都由三大空间构成，即外部空间（处于中间的道路），可以直接得到阳光与风雨的"光顾"；中部空间（处于道路两边建筑物室内与室外之间的廊道或街檐），是自然空间与室内空间的缓冲带（由门和窗将街檐"走廊"与室内分开）；内部空间，即街道两侧房屋室内的空间。三者为行人与行人之间的交流、行人与屋内人的交流提供了可视、可听的空间，让使用道路的人与居住在道路两旁房间的人可以通过表情、语言、手势等进行人性化交流。这与中欧、北欧的城市道路空间形成了鲜明的对比。

第三，城市缺少真正意义上的市民集聚的公共空间。中国的城市格局与道路大多呈现正方井字形，城市管理总是自上而下的，缺乏公共聚会解决问题的思想与机制，因而也就缺乏公共聚会的场地。换句话说，中国古代的城市没有西方城市中供人聚会的大广场，没有真正意义上的、大型的市民聚集与交流的公共空间。与此相对应的是中国有发达的家族机制，一些有关家族的重大事项往往通过家族聚会来解决，家族聚会的空间即祠堂。从文化的角度来讲，古希腊、罗马之所以都存在城市广场，是因为他们的政治需要通过集聚市民或公众来听取政治家的演讲，通过民主程序，如投票来决定重大事情。同时，广场的聚集功能，也要求它必须有良好的疏散功能，这就要求通往广场的道路都是宽阔而顺畅的。

3.街道界标分明，牌楼或坊门是城市街道划分的标志空间

由于大多数城市均呈方形，路网系统呈井田状，形如棋盘，以皇宫为中心，皇宫坐北面南，因此城市也就随皇宫而坐北面南；以报时的钟鼓楼为东西——钟楼在

东，鼓楼在西，个别城市也有钟鼓楼合一的。因此，道路方向明确，易于辨识。从北宋中期以后，废除了里坊的墙，但是，坊的门却保留了下来。此街与彼街常以坊门、牌坊、牌楼等作为界标，形成了鲜明的城市道路界域标志景观。一般来说，坊门与牌坊，架构上方中间有坊眼，坊眼中标有坊名。因此，城市道路的方向十分易于辨识。由于城市重要建筑的方位决定了城市道路的空间走向，所以，中国城市道路的空间特征也十分明显。而中国的城市，总体而言——从都城皇宫到地方城市官衙，一般处于城市中心或北部方向的中部，这种重要建筑对城市道路的分割决定了中国城市道路中轴线与西方城市道路中轴线方向的区别，也就是说，中国大多城市的中轴线是南北走向的。

（二）我国古代道路空间景观形态的文化分析

正如沈福煦教授所说："建筑不仅仅是满足人的物质活动的需要，也须满足人的种种精神活动的需要，如心理的、伦理的、宗教的、审美的等等。"❶道路工程也同样如此。与西方古代道路相比，中国古代文化制约影响下的道路景观特点主要表现在道路建筑立面的空间形态上。这种独特的道路空间景观形态主要体现在亭、牌坊、关这三个方面，下面将对这三个方面逐一展开分析。

1. 亭——古代中国人情表达的空间载体

亭，通常被现代人认为是中国古代的一种行政管理制度或单体园林建筑。所谓亭，即行人停留宿食的处所。"送君千里，终有一别。"这是中国古代社会人们生活的真实写照。但这个送别在什么地方停下来呢？当然就是在亭。亭建在路侧，十里一长亭，五里一短亭。情深者，十里长亭挥泪惜别；情浅者，五里短亭依依告别。

所以，作为中国古代道路建筑设施的亭，是一种标志性的建筑，它与邮驿相连，但数量多于驿邮。许多亭单独建在路边，供旅客游人停留、休憩、告别。因此，与古代人的人生之路——出发、回归、送别、迎接等联系在一起。从建筑形态到功能作用，亭都与古代的驿是完全不同的。亭可以与驿连在一起，成为旅舍客站的一部分，也可以单独列于路边。亭四周无墙，不能让旅客住宿，只有与驿相连的、亭邮一体的驿亭，才具有旅舍的作用。它有些类似于今天的车站，但又与今天的车站的功能有所不同，它的主要功能是让人休憩道别，而今天的车站虽然也可以道别，但主要功能却是让人在这个建筑空间候车出行。

为什么独独只有中国古代的道路建设中，才有为人们提供休憩告别的建筑景观——"亭"呢？可能的解读应该是，古代中国社会是一个非常讲人情的社会，而人

---

❶ 沈福煦.中国古代建筑文化史[M].上海：上海古籍出版社，2001.

情的生、离、死、别中的离与别，恰恰要发生在路上，于是，建一座亭，就正好满足了古代中国社会人们的情感在道路上的表达，所以，亭是中国古人的情感在道路设施上的物质载体。

2. 牌坊——古代中国精神文化在道路景观上的物化展示

牌坊又被叫作牌楼，它是中国特有的一种门洞式建筑。将牌坊作为道路景观文化来研究有三个方面的理由。

一是作为道路景观的牌坊产生的影响很大，如安徽歙县棠樾村的牌坊群、浙江乐清县仙溪南阁的牌坊群、四川隆昌牌坊群等，都被列为国家级重点文物保护单位。由这些牌坊群排列起来的道路，都成了闻名遐迩的道路景观。

二是作为建筑物前的牌坊和园林门前或园内的牌坊，均有道路从下穿行而过。人们要进入这个建筑物或者园林，就必须从牌坊下走过，也就是说，它不仅是重要建筑或园林的构成部分，同时，从道路景观系统的角度来看，牌坊也是通向建筑与园林的道路景观的一部分。

三是作为街道空间划界标志的牌坊，从宏观方面来说，它是划分城市带形空间——城市道路标志的建筑，是城市道路之间相互连接的重要衔接部分；从微观方面来说，它是建在城市道路中间的一种"具有纪念意义的、特殊的门"，无论从哪方面来讲，它都是城市道路的构成部分。

从建筑空间的位置来看，牌坊具有两大特点：一是它始终处于建筑空间的中央地位；二是它都建得高大、巍峨。这充分体现了牌坊在中国古建筑中十分重要的地位——中国建筑文化在空间上有"高为尊、低为卑，中为尊、侧为卑"的观念。作为门与路的建筑实体，牌坊是要让人从下走过的，它要给人提供一个特别的穿行空间，对人的视觉具有"强制观瞻性"，是一种"非看不可的建筑"，使人强烈地感受这一建筑空间的尊贵的位置和它要渲染的浓烈的价值文化氛围。

从道路景观的角度来看，牌坊是古代中国道路所独有的景观特征，是中国传统文化在道路建筑景观上的体现。从道路景观文化角度来看，牌坊是中国古代主流文化在道路景观上的一种彰显。牌坊作为道路景观文化，建筑结构自成一格，别具风采，它要传达的是一种在儒家文化指导下的、符合中华民族审美意趣的、特有的纪念碑似的道路建筑景观美——在形态上中庸、方正，在艺术上或通过楹联书法言述，或通过雕刻、绘画喻义（以龙示皇权，以蝠喻福，以鹿通禄，以鱼谐余，以松、鹤、龟、麒麟、荷花、荷叶、牡丹、如意等具有象征意义的动物、花卉、器物等，表达长寿、幸福、健康、吉祥如意等丰富内涵）。

3. 关——反映古代中国人空间意识的道路景观

在我国古代，关既是军事设施，要发挥军事功能，又是一种道路设施，同样发挥着交通功能。这样，关在建筑空间上就得到了高度的统一，即关是建在道路之上的、有道路在关之下穿行而过建筑空间，同时，关又是有险可守、有设可防的建筑空间。因此，关是军事设施与道路交通设施的结合体。这与古代欧洲具有军事防卫作用的古堡（城堡、要塞）大相径庭，它们的城堡建在山上，道路从山下而过，道路与城堡是分离的。因此，古代欧洲的道路景观没有关，只有要塞和城堡，在景观学上，他们的城堡要塞只能叫借景，中国的关则是道路实景。所以关是中国特有的道路景观。

从景观文化的角度来讲，关既是交通景观文化，又属军事景观文化。就军事景观文化而言，人们只要站到了古代中国的关上，就可以轻易地体会、感受到冷兵器时代，攻防两方是如何攻关和守关的。所谓"一夫当关，万夫莫开"的战场场景，也只有亲临了关这种军事建筑设施，才会有更为深刻的体验。从交通景观文化的角度来看，关作为古代道路上的一个个重要的交通节点，只有身临其境，人们才会更深刻地体会到那种"西出阳关无故人""春风不度玉门关"及关里关外两重天的人生感喟。数千年的文明史，给中国数十万里的道路上留下了难以计数的关。但长期以来，人们对关的认识，似乎总是停留在军事要塞的角度上，关作为基础交通设施的景观意义，总是处于被忽略的境地。而关作为文化空间、生态空间界域标志的研究，更是鲜有所见。

从文化空间角度来看，古代中国的关往往是两种不同地域文化空间的界标或分水岭。关两侧的区域，往往呈现出不同的文化和习俗。而两地之间的分界总是以关为界标，道路则是连接两个不同空间地域的通道走廊——建筑学语言叫"带形空间"，关则是道路关键地的节点。

作为世界文化遗产的万里长城第一关——山海关，既是古代中国的军事要塞和交通要道，同时也是一种文化空间的界标。中国古代各地域文化也是可以用关来作为分界标志的。例如，娘子关、平型关是晋冀两地的分界标志，它们的东部为冀文化，西部为晋文化；剑门关是川陕文化的分界口，北为三秦文化，南为巴蜀文化；潼关是陕豫两地的分界点，西归西秦文化，东为燕赵文化。

因此，作为道路景观的关，既是中国古代道路景观和军事景观的构成部分，同时也是古人文化空间意识和地理生态空间意识在道路建筑景观上的表征。因此，关是古代中国道路特有的景观文化。

二、国外近现代道路景观文化分析

要讨论道路景观文化，就不得不提法国巴黎的香榭丽舍大街和美国的华盛顿林荫道。香榭丽舍大街闻名遐迩，号称世界上最美丽的大街；华盛顿林荫道享誉世界，有一种普遍的说法是，不到华盛顿等于没到美国，不到华盛顿林荫道等于没到华盛顿。通过对这两条经典大道的分析，我们也许能从中体会到一条街道是如何可以成为一座城市甚至一个国家的标志性景观的。

（一）香榭丽舍大街

香榭丽舍大街又被叫作香榭丽舍大道。在世界近现代史上，最先通过一条街道而扬名世界的除了法国，大约没有第二个国家了。法国人常常自豪地将巴黎誉为世界的首都，将香榭丽舍大街称为"世界最美丽的大道"。

1.香榭丽舍大街的设计思想

说到香榭丽舍大街，无论是它建设初衷的提出者还是后来扩张的宫廷园林的管理者，以致最后奠定大道今天景观形态的奥斯曼男爵，都具有一种"贵族血统"。尤其是香榭丽舍大街的最终奠定人乔治·欧仁·奥斯曼男爵，正是他主持了1853年至1870年的巴黎重建工作。他将新古典主义风格融入了巴黎的城市建筑，使巴黎城市建筑风格较为统一。他修建了歌剧院、纪念碑、火车站和政府大楼，下水道、供水系统全部重新整治。这样，原来臭气熏天的城市变得洁净起来，整个巴黎焕然一新，改头换面，从一个陈旧的中世纪小城一下子变成了崭新的工业革命时代的现代化都市。今天的巴黎大致仍保持了当时的城市底色和空间形态。

这场大巴黎计划从城市空间的形态来看，最大的特点是拓宽街道。为什么要拓宽街道呢？今天来看，其设计思想存在政治目的。美化城市有利于提高法国的国际形象。拿破仑三世能登上法国最高的政治权力宝座，缘于人们对他伯父拿破仑的崇拜。但他登上权力宝座后，尤其是1852年由总统登上皇帝宝座后，却拿不出像样的政绩来为自己的权力增加筹码；在硬实力方面，他的军队早已不是当年拿破仑时代的军队；在经济上，无论与后起的美国相比，还是与老牌的英国相比，都存在一定的差距。因此，他只有借助软实力——通过美化巴黎来提升法国的影响力，而城市的美化需要的是文化与艺术，这点恰恰是当时法国仍然保有的最有力的武器。

香榭丽舍大街的建设思想由大巴黎建设思想决定，香榭丽舍大街是大巴黎画龙点睛、锦上添花之笔。香榭丽舍大街的建设思想至少包括四个方面：一是让巴黎更美，这里既带有政治目的——增强已呈衰弱趋势的法国的影响（今天称为软实力），又有拿破仑三世增加个人影响力的成分；二是这种美以巴黎的文化艺术、历史文脉为内涵；三是这种美具有皇族和贵族的审美标准——带有那个时代的特征——拿破仑三世和奥斯曼都是皇族贵族；四是道路建设中的政治目的——预防革命时街垒的垒砌。

2.香榭丽舍大街景观与文化分析

香榭丽舍大街位于巴黎西北第八区，是巴黎核心区东西向的轴心道路，处在巴黎城市的历史中轴线上。它以圆点广场为界，分成东西两段。东段长 700 米，是一片芳菲的都市园林，沿途绿草如茵，园林葱茏；其间点缀着喷泉、雕塑和供行人休憩的条椅，清幽宁静的氛围，仿佛远离闹市。它的西段是 1180 米长的繁华商业区。❶这里店铺林立，交织着熙熙攘攘的人流，展示着巴黎的时尚和优雅。街道中间，一条大道直通凯旋门，其宽度达 100 米，可同道并行 10 辆汽车。无论白昼还是夜晚，大道上都是车水马龙，喧闹不息。但这并不影响人们坐在街道两旁的咖啡座上悠然聊天，自在品茗，或漫步于梧桐浓荫之下，放飞思绪，逍遥闲逛。

（1）香榭丽舍大街景观要素分析

香榭丽舍大街的景观要素主要由以下元素构成，即一条道路，三个广场——西为星形广场，中为圆点广场，东为协和广场，街灯、绿化带、广告亭，道路两侧有高度整齐的新古典主义建筑，世界名牌商场、咖啡店、酒吧等。香榭丽舍大街的东西两段风格迥异：东段侧重自然，是典型的巴黎式林荫大道，有着宁静、悠闲的特点，树木未作人工处理；西段侧重人文与经济，是商业与文化合一的大街，绿化树木——法国梧桐统一修剪成正方形。

这里我们从色彩、广场、建筑、绿化、商业经营点等几个方面来分析香榭丽舍大街景观的法兰西历史文化特色。

① 色彩。香榭丽舍大街的色彩以淡雅的黄色与庄重的铅灰色为基调，这与整个大巴黎城市的底色一致。但香榭丽舍大街比巴黎其他道路的绿色更浓。原因是香榭丽舍大街的绿化更多，它本就脱胎于皇家的林荫道。淡雅的乳黄与庄重的铅灰是大巴黎城市的底色，这一点巴黎与布拉格、克拉科夫、维也纳、罗马等欧洲其他城市是不同的。罗马和布拉格老城区是联合国确定的世界文化遗产，它们的房顶是红的，建筑立面是黄的，因此红黄是这两座城市的底色；维也纳老城区也有特点，它的建筑房顶色彩有绿色、红色、灰色等，但建筑的立面几乎统一为淡雅的黄色，城市底色更为复杂；克拉科夫作为中世纪波兰的首都，也是世界文化遗产，但这个城市的

❶ 孙靓.交通·景观·人——比较上海世纪大道与巴黎香榭丽舍大街[J].华中建筑，2006(12):122-124.

建筑立面是红黄二色交杂的，房顶则是灰、红、黄、蓝等多种色彩。但巴黎不是这样的，它的城市建筑统一为庄重的铅灰屋顶、淡雅的黄墙。香榭丽舍大街的道路与巴黎其他城市道路的不同点在于，随着汽车文明的兴起，巴黎的许多道路都由石砌改而铺装沥青，但香榭丽舍大街却仍然保持着用方形的灰色小石块铺砌，这样，香榭丽舍大街的色彩就形成了道路两侧建筑屋顶的灰色与道路灰色的呼应，在视觉上使人产生共鸣。巴黎的城市底色决定了香榭丽舍大街的色彩，而这个色彩无疑是法兰西民族崇尚的，是具有法国文化特色的。

②广场。香榭丽舍大街是把三个广场连接为一体的城市带形空间。三个广场各有特点：协和广场具有皇家园林风格，最初因立有路易十五雕像名叫路易十五广场，法国大革命时期被改名为革命广场，1795年将其更名为协和广场。协和广场是法国大革命的象征。圆点广场将东、西香榭丽舍大街分开，其周边的林荫道均用灰白色的碎石铺垫。星形广场既有现代大都市的气场（具有疏解交通的现代城市功能），又蕴含着法兰西民族的骄傲——广场中心高耸的凯旋门，为纪念拿破仑大军在奥斯特利茨战胜俄奥联军而建，凯旋门内的展厅中，记录着法兰西近代历史上约百次战役中取得胜利的图文。

③建筑。香榭丽舍大街两边的建筑物统一为新古典主义建筑风格。巴黎作为新古典主义的中心，不仅兴建了一批新古典主义建筑的经典，如万神庙、凯旋门等，而且借助大巴黎改造，推进到普遍的城市街道建筑中，这种建筑美化了城市街道景观，尤其是香榭丽舍大街的美丽景观，把这种建筑风格传到世界各地（包括其殖民地），从而在建筑文化上发挥法国文化超级大国的世界影响力。

④绿化。香榭丽舍大街的雏形就是林荫道。在第二帝国时期大巴黎扩建时，种植了悬铃木（法国梧桐）进行道路绿化。应当说，当初选择这一树种作为巴黎绿化树是颇有见地的。因为夏天浓郁的树荫足以抵挡巴黎不太炎热的气候（巴黎最高气温一般不会超过 35℃）；冬天，悬铃木树叶全掉光，又让巴黎市可以享受温暖的阳光。香榭丽舍大街上西段的梧桐颇具特色：树冠被修剪成方形，恰好与西端星形广场上方形的凯旋门、街道两侧的方形建筑形成形态上的对应关系。

⑤商业经营点。香榭丽舍大街吸引了世界上所有最著名的商品品牌入驻。从路易·威登到星巴克，从皮尔·卡丹到范思哲，从梅赛德斯 - 奔驰到雪铁龙……因此，它是一条时尚之街。

（2）香榭丽舍大街文化分析

如果真正踏入香榭丽舍大街，许多国人一定会深感这条大街色彩的鲜艳、建筑的豪华、绿化的瑰丽，它是被世界认同的、享誉全球的、闻名遐迩的世界级大道。

其人气、名气、财气和艺术文化之气在中国的城市街道中很难找到与其比肩的。这缘于香榭丽舍大街的美不仅仅在形式上，而且在于它汇集了法国的历史文化、特色景观，并引领世界商业时尚等综合因素。所以，香榭丽舍大街是法兰西历史文化之街，是世界级景观大道，是世界顶级的商业时尚之街。

① 历史文化之街。说香榭丽舍大街是法兰西历史文化之街，是因为这条大街上浓缩了法兰西重要的历史文化遗迹。香榭丽舍大街不仅有深厚的历史文脉，还有丰富的人文底蕴。从历史文脉来讲，香榭丽舍大街出身"贵族"——它由凡尔赛宫的风景设计师勒·诺特于17世纪中叶设计，400多年来，从协和广场上的方尖碑，到星形广场上的凯旋门，上演了无数影响法兰西、欧洲乃至世界的人间悲喜剧！香榭丽舍大街的一侧，大宫和小宫留下了法国曾经有过的荣华富贵。从政治文化来说，香榭丽舍大街的起点协和广场是法兰西革命的起点，它的大气美观蕴含着法兰西昨天动人心弦的故事——国王路易十六及家人在这里断头，丹东、罗伯斯庇尔在这里领死，高耸的方尖碑喻示着法兰西曾有征服埃及的荣耀，美丽的喷泉雕塑显示着皇家园林的典雅高贵；香榭丽舍大街的终点——星形广场是法兰西革命的胜利节点，为纪念奥斯特利茨战役的胜利而修建的凯旋门屹立在广场中央，俄奥联军在奥斯特利茨战役的失败，宣告了西方封建君主国反法同盟的失败，同时也巩固了法国资产阶级革命的胜利，走完香榭丽舍大街，就基本阅读完了法国大革命的历史。从人文底蕴来看，香榭丽舍大街流传着数不胜数的人文故事，无论是维克多·雨果还是德·巴尔扎克，无论是大仲马还是小仲马，无论是爱弥尔·左拉还是居伊·德·莫泊桑，你都可以从他们的作品中读到对香榭丽舍大街雍容、高雅、富贵、繁华的描写，以及他们在这里留下的传说、故事。

② 世界级景观大道。说香榭丽舍大街是世界级景观大道、法兰西第一景观大道，是因为香榭丽舍大街的景观打造既有世界通行的美学标准与街景艺术标准，又具有法国独有的景观特征。从世界通行的道路标准来看，香榭丽舍大街的点、线、面符合视觉审美要求，同时香榭丽舍大街的田园式绿化体现了英国自然风景式园林风格；从审美与艺术标准来看，香榭丽舍大街的色彩、建筑空间形态与立面、路灯形制、广告柱等无疑都具有浓厚的法国风味。

③ 世界顶级的商业时尚之街。说香榭丽舍大街是世界顶级的商业时尚之街，是因为香榭丽舍大街吸引了全世界最时尚的消费品牌纷纷入驻，引领了世界时装及化妆消费的趋势。它的商业段的橱窗里各类品牌耀眼闪亮，所有世界著名的品牌一应群聚于香榭丽舍大街。入夜之时，这里霓虹闪闪，灯火通明，熙熙攘攘的人群更胜白昼……

这样，香榭丽舍大街就把历史文化、景观欣赏与时尚消费融为一体，使人们或者在进行时尚消费时读到了法国的艺术与文化，或者在欣赏大道美景、品味法国的历史文脉时也顺便参与了对时尚商品的消费，即获得了精神文化与商业经济的双向发展和良性互动。

人们说法国人有"三漫"：浪漫、傲慢和散漫。如果说法国人的"浪漫"可以在充满风情的塞纳河两岸的绚丽景观上体现，"散漫"表现在法国人对待生活的态度上，那么，人们可以从香榭丽舍大街的景观上发现法国人的"傲慢"——被人们称为"巴黎之魂"的香榭丽舍大街是法国历史文化和法兰西民族性格的城市带形空间景观展示。

（二）美国华盛顿林荫大道

如果有一个国家以一个城市的规划来反映其政治文化，那么这个国家与城市就是美国的华盛顿；如果有一个城市以它的景观大道来公开宣示它的国家的意识形态，那么这条景观大道就是华盛顿林荫大道。

1.华盛顿林荫大道的设计思想

唐宁作为当时美国著名的景观设计师，受到当时美国总统米勒德·菲尔莫尔的委托，对这条带形空间进行景观设计。他在考察了欧洲之后，用了三个月的时间完成了设计方案。他对华盛顿林荫大道的景观设计思想主要考虑三个方面：一是可以成为美国首都的一种装饰；二是提供一个景观园林的自然主义风格的范例，以影响整个国家的整体风格；三是建成一个在华盛顿地区气候条件下适宜生长的所有树种的集合，通过给这些树配挂通用的科学的树名，形成一个乔木和灌木的公共自然博物馆。❶

2.华盛顿林荫大道景观文化分析

以空间形态来表达政治内涵是华盛顿城市空间最大的特点之一。正如华盛顿城市格局蕴含着美国社会的政治思想与文化价值一样，如今的华盛顿林荫大道经过多年来的完善与建设，其景观形态融入了更丰富的意识形态内涵。

从某种意义上来说，华盛顿林荫大道是用空间景观语言，向世界宣告着美国的主流思想价值。首先，华盛顿林荫大道已经形成的拉丁十字结构格局，有一种通过城市空间布局来表达"上帝保佑美国"的隐喻。其次，华盛顿林荫大道用景观形态和空间语言，向世界宣告着美国的主流思想价值内涵。华盛顿林荫大道的核心景观是华盛顿纪念碑。它的东面是国会山，分别有国会大厦和联邦最高法院；西面是提出"民有、民治、民享"的美国第十六任总统林肯的纪念堂；北面是国家行政中心

---

❶ 蒋淑君.美国近现代景观园林风格的创造者——唐宁[J].中国园林，2003(04): 5-10.

白宫；南面是《独立宣言》的起草人，以"人生而平等且独立自主"为政治理念的总统杰弗逊的纪念堂。这种景观形态至少表达了四种景观文化内涵：一是用城市空间景观语言告诉人们，美国是一个三权分立的国家。位居中心地域的是华盛顿纪念碑，华盛顿是美国的开国总统，他主持制定并通过的世界第一部资产阶级成文宪法《美国宪法》，确立了美国政体为三权分立：行政、司法、立法相互制衡，体现了民主、平等、博爱精神，因此，地处中心地位的华盛顿纪念碑，以景观的空间形态表达了美国精神文化的核心价值。二是美国是一个承袭西方文化的国家。华盛顿纪念碑造型为方尖碑，方尖碑源于埃及，它是模拟太阳金色的光芒而创作的，是古埃及太阳神"拉"（或称"拉蒙"）的化身，具有崇高的意义，正如希腊神话中的太阳神阿波罗同样是英雄的化身一样。今天，从圣彼得大教堂到圣母百花大教堂，从协和广场到万神殿，从布宜诺斯艾利斯到莫斯科，各处都矗立着代表着宗教意义、政治纪念意义和美学意义的方尖碑，从某种意义上讲，方尖碑作为一个符号，是西方文明的一种表征。华盛顿纪念碑高达169米，坐落在从国会山到林肯纪念堂的东西中轴线上，是世界上最高、最大的方尖碑，这不仅彰显着美国的国力是西方国家最强盛的，更隐喻着"美国是集西方文化的大成者"，方尖碑景观的崇高，隐喻着以美国为首的西方国家所推崇的政治文化价值的崇高。三是道路景观的意识形态性。靠华盛顿林荫大道东边的国会大厦所在地地势最高，其房屋建筑也最高，这是用建筑语言告诉人们，国会是国家的最高权力机构。四是道路的生态文化性。华盛顿林荫大道从它开始规划建设的那天起，它的设计者唐宁就确立了它的周边绿化植物是"在华盛顿地区气候条件下适宜生长的所有树种的集合……形成一个乔木和灌木的公共自然博物馆"❶，因此，华盛顿林荫大道没有更多的价格昂贵的非本地树种，它的绿化是仿自然的生态景观绿化。林荫大道周边的"联邦三角"建筑群，包括联邦政府机构及国家美术馆、国家档案馆、泛美联盟、史密森国家博物馆、联邦储备大厦等，都深深蕴含着美国文化价值。如果要进行青少年的爱国主义教育、生态教育，无须多说，只要带他们多走几趟华盛顿林荫大道，其中强烈的环境气氛产生的教育效果会让一切尽在不言中。

综上所述，我们可以说，华盛顿林荫大道景观背后蕴含着典型的美国文化价值，这条纵横呈十字形的城市带形空间，是美国文化的景观形态表达。所以有人说，到了美国不到华盛顿林荫大道，就等于没到美国。

---

❶ 蒋淑君.美国近现代景观园林风格的创造者——唐宁 [J].中国园林，2003(04)：5-10.

第三节　道路景观的文化建设

一、从美学和文化的角度出发来进行道路设计

通过前面对香榭丽舍大街和华盛顿林荫大道的景观文化分析可知，经典的城市道路或景观大道，不仅只将其作为交通载体来设计，同时还将道路（大街）当作美和精神文化的载体来考虑。把道路作为美的载体来设计时，这种美的展示不只是简单地注重景观大道的形式美，而更注重以自身民族文化心理的审美标准来建设道路，也就是说，这种景观大道的打造必须是形式与内容的统一，是符合这个民族或国家的民族文化风格的。

把道路作为精神文化载体来设计时，其精神文化的内涵总是通过自己国家的人们所熟悉与认同的建筑符号与绿化形式来实现景观的视觉传达，从而实现精神文化的渲染的。例如，华盛顿林荫大道的华盛顿纪念碑，其建筑形式采用的是方尖碑，方尖碑源自埃及，从建筑文化角度而言，埃及属于西方文化，古希腊、古罗马建筑都受到了古埃及建筑的影响。华盛顿纪念碑产生的宣传效果源于它的景观视觉效果，而这一景观视觉如果换成中国式的牌坊，其效果还会有吗？所以，景观要产生相应的宣传教育效果，必须要有文化作为景观的思想文化内涵来支撑，而这种思想文化又必须具有民族性和城市的性格。

二、以生态文明引领道路建设

在生态文明建设的大背景下，要实现生态思想观念所倡导的社会生态变革，可以从四个方面推进，即让生活有益生态、用文化凝聚力量、靠制度规范行为、以创新引领发展。

让生活有益生态——从人类最基本的活动来超越"人类中心主义"和"生态中心主义"，它使人们从日常生活出发，来实现人与自然的和谐相处。这就避免了工业文明时期把自然视为单纯被利用与改造的对象的错误。既关注人类又关注自然，既维护人类的利益又维护自然的利益，把人与自然和谐共生、共同繁荣作为发展的目标与要求。这就要求人的生活既要在客观上符合生态规律，又要在主观上合乎文明发展的目的。联系到道路交通及设施的绿化，这种生态文明所推行的道路绿化，就应既考虑人的生活环境提升，又考虑到营建相应的自然生态环境，为飞禽和小型哺

乳动物的生存建立适宜的环境，让道路的路域植被、昆虫、鸟禽处于动态生态平衡，减少杀虫剂的使用，从而在生活上更宜于人与自然的和谐相处，也更宜于人类居住。

用文化凝聚力量——从文化角度来推动生态文明建设，以实现生态文明的"化成天下"的作用。生态文明要求人们树立起生态世界观、价值观和审美观来营建新型的文化形态。这种新型的"三观"的树立，推行到道路建设与绿化的范畴，就需要以生态审美、生态道路绿化的评价标准、生态的道路绿化规范来推动城市绿化的生态化，而不能完全沿用工业文明时期的老标准。

靠制度规范行为——从制度层面来推动生态文明建设，进入生态文明时代，"环境正义理应成为制度建设的有机部分，要将生态文化的哲学智慧、伦理道德和价值观念渗透于国家法制建设，激励机制建设的不断完善之中"[1]。落实到城乡道路建设与绿化方面，就应建立起城市园林、道路绿化方面与生态文明相适应的规范，从而以生态的制度推动生态建设，如果制度仍是工业文明时期的老制度，生态建设落实到城市绿化就是一句空话。

以创新引领发展——从形而上与形而下两个方面来推动生态文明建设。制度创新可归于形而上，技术创新是形而下。延伸到道路建设与绿化方面，其技术创新就需要创建新型的生态技术来支持城市绿化的生态化。

---

[1]　江泽慧.生态文明时代的主流文化——中国生态文化体系研究总论[M].北京：人民出版社，2013.

第七章　旅游景观文化

第一节　旅游景观与旅游景观文化

　　从某种意义上讲，旅游景观与旅游景观文化两者是一对孪生体。源于旅游自然景观而孕育衍生的旅游景观文化，常具有自然景观与旅游景观文化的协调融洽性，以自然景观的美而产生旅游景观文化，通过旅游景观文化渲染而传播旅游景观之美，构成旅游景观的吸引力、感染力，从而吸引游客；也以旅游景观之美对观赏者的心灵震撼又孕育了营造与自然景观协调、渗透于自然景观中的旅游文化景观，形成自然——人文复合旅游景观，使自然旅游景观增添了与其景观环境协调的地域文化、民族文化，增强了旅游景观的特色旅游品位。许多名山大川旅游景观就具有这样的复合旅游景观文化。山水借文章以显，文章凭山水以传，这就是旅游景观与旅游景观文化相互依存、相互渲染的表现。

一、景观孕育旅游景观文化

　　名山大川、自然景观，既是旅游观光的游览地，也是旅游景观文化之源。自然景观之美、人文景观之璀璨，孕育了光辉灿烂的旅游景观文化。使旅游者、观赏者能满足观光旅游愿望的自然旅游景观，不仅孕育并造就了旅游景观文化（如旅游景观文学），而且以自然旅游景观为模型，产生了许多以自然景观为原型而塑造的人文旅游景观。

　　因旅游景观美、旅游景观的鉴赏而产生旅游景观文化的情况，从我国古代的文学作品到现代文学艺术，都有丰富的、杰出的旅游景观文化。颇具代表性的如《诗经》《山海经》《史记》《大唐西域记》《水经注》《入蜀记》《梦溪笔谈》《西游记》《瀛涯胜览》《徐霞客游记》《桃花源记》《永州八记》《游峨眉山记》《游黄山记》《登泰山记》《游禄山记》等。

　　流传甚广的唐诗宋词中，因旅游景观激发而生的诗词，情景交融、扣人心弦。如李白《望庐山瀑布》："日照香炉生紫烟，遥看瀑布挂前川。飞流直下三千尺，疑是银河落九天。"马致远《天净沙·秋思》："枯藤老树昏鸦，小桥流水人家，古道西风瘦马。夕阳西下，断肠人在天涯。"

中国云南、四川、西藏的"三江并流"区，因其优美的自然景观、宜人的生存环境、浓郁的民族风俗称得上是一个自然旅游景观与人文景观相融的宽阔的旅游景观，但在20世纪90年代以前一直鲜为人知。

峡谷是山地景观中常见的旅游景观，因峡谷陡峻、险恶、水流澎湃、雄伟而形成峡谷旅游景观文化。峡谷狭窄险峻，线状延伸的沟谷，两侧险峻而高耸的条状高山，在条状高山与峡谷展布的山地，常形成与外地相对封闭的人居环境，形成与自然环境相协调的人文景观及人文景观文化。我国西南边陲横断山地的怒江、澜沧江、金沙江三江并流带就是峡谷景观密布的地段。这些峡谷景观封闭的人居环境，孕育了多姿多态的地域性峡谷景观文化，如在怒江大峡谷北段丙中洛怒江曲流河段的峡谷旅游景观文化。

香格里拉旅游景观原型的认定和香格里拉旅游效应的扩张，可谓因文学艺术作品的情境描绘而寻景、觅源的典型。

20世纪末，旅游业在我国迅速崛起，滇西北成为旅游目的地的优选地域。英国詹姆斯·希尔顿在1933年的小说《消失的地平线》中描写的香格里拉的"寻觅"认定，对香格里拉旅游价值的确定及其知名度与旅游吸引力的提高起到了推波助澜的作用。国务院对香格里拉县（原中甸县）的命名，把香格里拉旅游品牌推向世界。

陶渊明笔下的桃花源有着人类居住的最佳生态环境。如同"香格里拉"原型的认定一样，对桃花源原型的寻觅成为推动湖南桃源县与重庆酉阳县大酉洞桃花源旅游景观品牌建设的不竭动力。

二、景观文化诱导旅游景观文化构建

根据文学艺术作品中的山水场景（旅游景观文化）寻觅旅游景观，认定旅游景观或提高旅游景观的内涵、知名度，提高旅游效应。现代影视文化和报刊书画（旅游景观文化）作用最为突出，不胜枚举。借助名著、名人、史实或文学作品的景观文化构建旅游景观文化效应已成为开辟旅游市场的重要方式。

通过滇西北三江并流，世界自然遗产申报过程及三江并流自然遗产的旅游景观文化的推介，吸引更多旅游爱好者到三江并流区旅游。此外，中国古典四大名著影视作品拍摄场景作为旅游景观文化也备受广大游客青睐。

（一）主题公园旅游景观文化

以某一吸引游客参与旅游活动（旅游目的地）为主题而人为塑造的旅游景观（旅

游主题公园），是具创意性、模仿（移植）性、企业性的旅游产业与旅游景区。

旅游主题公园通常是游客向往的旅游景观的模仿秀，它模仿异地知名旅游景观塑造主题旅游公园，供旅游者游乐和观赏。

自然旅游景观主题公园以展示地域性的山川景观为主题，如"锦绣中华"；人文旅游景观主题公园以展示历史景观、文化景观为主题，如"大观园""迪士尼乐园"。更多的旅游景观主题公园是自然景观和人文景观综合展示的旅游景观，其中有借会展、体育盛会、影视创作基地等主题建造，之后转为具有旅游功能的景观，如昆明世界园艺博览会建造的世博园园艺旅游主题公园、北京亚运村等。

主题型人造旅游景观除了对于异地著名旅游景观的微缩、模仿外，还可以供旅游观赏，山水、建筑的展示，起到了旅游地"广告"的作用。以历史名著、古典文学、童话、科幻世界为题材的主题公园，让游客休闲娱乐、身心愉悦、增长知识、陶冶情操。

1. 游乐型主题公园旅游景观文化

国外以游乐为功能的主题公园，始于 1955 年 7 月 17 日开园的加利福尼亚州阿纳海姆的迪士尼乐园系列。迪士尼乐园已经成为世界上具有代表性的游乐型旅游主题公园，成为集游乐、文化、自然景观于一体的旅游景观。

2. 观赏型主题公园旅游景观文化

1989 年在深圳华侨城兴建的锦绣中华园（即"锦绣中华微缩景区"），展示了我国知名的旅游景观，成为我国最早的主题公园型旅游产业。

"锦绣中华"式的主题公园中，人文旅游景观是当代以名山名水为原型的典型例子。云南昆明滇池湖畔以云南各民族民居、民风为原型而构建了人文旅游景观——民族村。旅游者可以借助这种民族景观遗产的复制品，了解云南地区各民族的景观文化。

展示某一地域山水名胜的旅游主题公园，具有自然旅游景观展示和推介的功能，如湖北宜昌的长江三峡微缩集锦。

20 世纪末至 21 世纪初，伴随着影视城建设的旅游主题公园如雨后春笋在国内兴起和发展。中国四大古典名著的拍摄基地影视城就是典型例子。如借影视剧《红楼梦》拍摄而兴建的北京大观园（1983）、河北正定县荣国府（1984）、无锡影视城唐城（1991）、三国城、水浒城，都成了驰名海内外的主题旅游景观。

3. 园林型主题公园旅游景观文化

我国古典园林多以自然山水为主体再加以人文景观点缀。以皇家园林为代表的北方园林是供皇家休憩、游乐的场所。此类园林规模宏大、建筑富丽堂皇，如北京颐和园、河北承德避暑山庄。

私家园林、庭院式园林普遍见于我国南方城镇或乡村，它们以小巧精致、山石花卉、小桥流水、锦绣山川为主体，如苏州园林。

（二）文学名著旅游景观文化

文学名著是世界文化的精品，文学名著中蕴藏有取之不竭的景观文化，而且这些景观文化对现代人具有极大的吸引力和诱惑力，这也成了许多旅游景观构造的原型，成为旅游景观文化的源泉。

中华民族的文化结晶——《红楼梦》《三国演义》《水浒传》《西游记》，从文学作品到文艺作品再到影视作品，其传播广、影响深远，自然成了塑造旅游景观的摹本。如从文学名著到影视名篇而兴建的大观园、三国城、水浒城，成为极具吸引力的旅游景观文化。

第一，"大观园"再现了中国古典文学名著《红楼梦》中的大观园的景观。采用中国古典建筑的技法和传统的造园艺术建造的园林建筑、山形水系、植物造景、小品点缀等，均力图忠实于原著的时代风尚和细节描写。全园有庭院景区五处、自然景区三处、佛寺景区一处、殿宇景区一处。有曲径通幽、沁芳亭、怡红院、潇湘馆、蘅芜院、省亲别墅、秋爽斋、稻香村等四十多个景点。有的景点内还有蜡塑人物，形象逼真。

第二，"三国城"内建造了具有影视文化特色和具有浓郁汉代风格的吴王宫、甘露寺、曹营水旱寨、吴营、七星坛、跑马场、点将台、桃园、九宫八卦阵、火烧赤壁特技场、竞技场、赤壁古栈道等景点，丰富、充实了景区文化内容，弘扬了民族传统文化。

第三，"水浒城"主体景观分为反映北宋时期中下层社会生活概貌的州县区，有衙门、监牢、法场、街坊、店铺、庄园；有武大郎烧饼店、王婆茶馆、郑屠肉铺等；有建筑气势雄伟的京城区；有皇宫、大相国寺、樊楼、高俅府等，湖光山色间依山傍湖而建的梁山区，有梁山码头、寨门、校场、扭头门、断金亭、忠义堂等景点。

（三）影视旅游景观文化

现代的影视技术以尽善尽美的画面、快捷直观的方式把文学名著或名人、名城、名事展现给世人。旅游策划者也就借用这一优势构建现实中的人文旅游景观文化。除了像三国城、水浒城、大观园等拍摄基地转为旅游景观文化外，有的还借助了影视的原型或外景的拍摄地而构建和渲染了旅游景观文化。

第一，电影《刘三姐》中的桂林大榕树、《五朵金花》中的大理蝴蝶桌、《阿诗玛》中的石林"阿诗玛"都成为旅游景观。

第二，湖南张家界猛洞河下游一个本不出名的小镇因拍摄《芙蓉镇》而成了芙蓉镇旅游景观文化精品。

第三，江苏常熟沙家浜镇借《沙家浜》电影而构成沙家浜旅游景观文化。

第四，杭州西湖断桥、雷峰塔和镇江金山寺因《白蛇传》而成为旅游景观。

（四）名人故居旅游景观文化

不论古代的还是近代的伟人、名人，他们的故居都因其扬名而成为著名的旅游景观。

第一，浙江绍兴鲁迅故居旅游景观文化，以咸亨酒店、孔乙己杂货店等而吸引游人。浙江桐乡乌镇的茅盾故居旅游景观文化，以林家铺子吸引游客。

第二，湖南韶山毛泽东故居，江苏淮安周恩来故居，都是知名的伟人旅游景观。

第三，意大利比萨斜塔因伟大的科学家伽利略曾在其上做自由落体实验而增色添彩。

第四，世界文豪威廉·莎士比亚故居所在的英国斯特拉特福小镇，以莎士比亚作品为题材的莎士比亚研究中心陈列的蜡像、玻璃屏风、艾冯河畔莎士比亚皇家歌剧院等等构成了莎士比亚故居旅游景观文化。

第五，中国伟大的教育家、思想家孔子故居所在地山东曲阜，其孔庙、孔楼等构成了孔子故居旅游景观文化。

第二节　旅游景观文化类型

孔子云："智者乐水，仁者乐山。"山有物产，可慷慨赋予人类；安忍不动，不变许诺，是为仁爱。水流因形势而变，最终到达目的地，是为智慧。当然，中国山水文化的内涵大大超出了仁爱和智慧的范畴，还有宗教信仰、历史传统、文化观念、革命意义等。山水由于其丰富的文化内涵，而成为旅游吸引物，所以景观文化是旅游景观的主体。

一、山旅游景观文化

我国可以作旅游景观的山有很多，就其文化内涵分类，有神话、宗教信仰、政治、历史、隐居、人工假山、革命战争等。

（一）神话

海市蜃楼中出现的蓬莱、方丈、瀛洲，相传为神仙居住的地方，《史记·秦始皇本纪》载"齐人徐福等上书，言海中有三神山"，令秦始皇神往。秦始皇多次派人赴东海探访，后来汉武帝也派人去过，从此海中三神山的名字，便在古代小说、戏曲、笔记中经常出现。海市蜃楼在山东沿海出现，观景的地方是现在的蓬莱市。

秦始皇找不到三神山，就在上林苑中掘太液池象征东海，堆叠人工假山，象征蓬莱、方丈、瀛洲，这种象征手法后来成为中国园林的经典，今天在北京颐和园和苏州拙政园也能看到一池三岛的布置。

昆仑山是与神话关系最密切的一座山，许多神话发源于此。昆仑山西起帕米尔高原，山脉全长 2500 千米，平均海拔 5500~6000 米，宽 130~200 千米，西窄东宽，总面积达 50 多万平方千米，在我国境内地跨青海、四川、新疆和西藏，最高峰是位于新疆克孜勒苏柯尔克孜自治州乌恰县的公格尔峰，海拔 7649 米。因气候、地理原因，人们对它了解甚少，始终隔着一层神秘的面纱，神秘的昆仑山堪称中国第一神山。

（二）政治

历史上有许多重大的政治活动在山上举行，因此山有了政治意义。封禅是古代帝王祭拜天地的仪式，据《史记·封禅书》记载："及秦共天下，令祠官所常奉天地名山大川鬼神可得而序也。"封禅仪式在嵩山和泰山都曾举行过，封禅仪式在泰山举行的次数较多，自秦始皇开始，至宋真宗止，共有六帝十次封禅泰山。还有祭祀泰山，历史上有 13 位帝王达 31 次，其中汉武帝因赴东海寻访三神山，就曾八次前往泰山。封禅具有浓重的政治色彩，秦始皇封禅泰山，为表统一六国，建立大一统的封建国家；汉武帝封禅泰山，为表武帝雄才大略，扫除边患；唐玄宗封禅泰山，为表开元盛世，国力昌盛。泰山为此拥有大量有关封禅的摩崖石刻，构成了国家政治内容的景观。

（三）历史

中国五千年历史加上原始人类活动，大量的历史遗迹都保留在山上，如周口店北京人遗迹、战国及明清长城，以及各个时期难以计数的历史遗存，构成了反映历史内容的景观。

（四）隐居

中国赋予山文化意蕴最重要的是隐逸思想，最早的关于隐逸例子：商末伯夷、叔齐弟兄俩因谦让继承王位，一齐投奔到周。后周武王灭商，弟兄俩又逃避到首阳山，不吃周提供的粮食而饿死。他们留下的诗写道："登彼西山兮，采其薇矣。以暴易暴兮，不知其非矣。神农虞夏，忽焉没兮，吾适安归矣。吁嗟徂兮，命之衰矣。"

他们不吃周提供的粮食，在山中以采集一种名叫巢菜的豆科草本植物充饥，虽然苗叶可当蔬菜食用，或者豆荚中的荚果也可以充饥，但不久终于衰亡。

这个例子是中国隐逸文化的开篇之作，因其高尚而为后世竞相效仿，山也因此具有隐居的含义。苏州私家园林中的假山大多是隐居的象征。

（五）人工假山

园林中的假山具有多种文化含义，归纳如下：

1. 象征空间概念

《艮岳记》中写园中假山："而东南万里，天台、雁荡、凤凰、庐阜之奇伟，二川、三峡、云梦之旷荡，四方之远目异，徒各擅其一美，未若此山并包罗列，又兼其绝胜……虽人为之山，顾其小哉……则是山与泰、华、嵩、衡等同，固作配无极。"这是中国山水画家的眼光，宋徽宗作为一名优秀的画家，很熟悉中国画理，他对假山的解释最切合中国象征模式。中国许多艺术作品的象征意义确实是通过宋徽宗式的个人内心联想而唤起的。在宋徽宗眼中，艮岳就是中国江山的全部，每个小山峰都有它的空间意义。北京颐和园万寿山脚的排云门广场堆石，也具有空间象征意义，广场上置十二块太湖石，象征着古人把周天划分为十二个天区，暗喻万寿山是宇宙的中心。苏州狮子林是门徒为迎接天如禅师入住而建的，因天如禅师的师父中峰禅师（普应国师）居住在浙江天目山狮子崖，为纪念师承关系，取佛经中狮子座之意，故名"狮子林"。

2. 象征隐居

历史上许多高士隐居深山，被历代文人看作高尚的行为。然而真要效仿却不容易，特别是拥有大量财物的人，不可能抛弃富裕的物质生活。于是，他们想出了一条兼顾物质和名声的办法——象征性隐居，他们在城市中凿池堆石，以像山水，标榜自己像高士一样隐居，所以城市园林中的堆石成为隐居的符号。

3. 象征文人情趣

文人喜雅趣，喜石便是一例。白居易在《太湖石记》中解释牛僧孺嗜石原因："……石无文、无声、无臭、无味……而公嗜之何也？众皆怪之，吾独知之。……撮而要言，则三山五岳，百洞千壑，舰缕簇缩，尽在其中。百仞一拳，千里一瞬，坐而得之，此所以为公适意之用也。"白居易点明，园中缀石有不出家门而得山林野趣之妙，且可供想象、赏玩、寄寓情感。为此，苏州园林重视堆石，以寄寓园主情趣。怡园"拜石轩"题名取北宋米芾拜石的故事，传说米芾爱石成癖，一次刚将喜好的怪石移至城中，马上设席，并拜于庭下，说："吾欲见石兄二十年矣。"后人称此为"米颠拜石"。怡园"拜石轩"轩北天井布置怪石，再现"米颠拜石"的场景，标榜园主情趣高雅。

4. 象征阴阳

耦园以易学原理为布局原则，以方位、物象等表达阴阳观念，园中堆石用意明显。东花园位于东边，面积大，为阳，故用阳刚直线条的敦厚黄石堆叠；西花园位于西边，面积小，为阴，故用阴柔多曲的纤巧太湖石堆叠。石与水池一起时，石就是阳，水就是阴。

（六）革命战争

历史上许多革命战争都在山上发生，如宋代农民起义的梁山泊、近代红色革命根据地井冈山、写成小说的威虎山等，都因这些历史事件成为著名旅游景观。

二、江河湖水旅游景观文化

构成山水旅游景观的水有很多形态，如江、河、湖、海、泉、冰、雪、霜、雨、瀑等。从哲学上讲，中国人把水看作决定宇宙万物本质和规律的本源之一，与金、木、火、土构成五行，相生相克，对立统一，影响世界。长期以来，人们赋予这些千姿百态的水以丰富的文化内涵，成为重要的游赏对象。作为旅游景观的水文化，大致有历史传说、水利工程、战争、人文等。

1.历史传说

《左传》记载黄帝氏族以云为图腾；炎帝氏族以火为图腾；共工氏族以水为图腾；太皞氏族以龙为图腾。龙与水的关系最密切，龙潜于水潭之中，又掌控雨水和水神，因此以龙命名的水潭、山洞成为旅游景观的内容之一。

云南大理蝴蝶泉因历史传说和自然奇观成为著名旅游景观。

2.水利工程

人类依水而生，农业耕作最早与水发生关系，兴建了大量水利工程。如秦国兴建了沟通泾水和洛水的郑国渠、沟通长江水系和珠江水系的灵渠；汉武帝时建漕渠、龙首渠、六辅渠、白渠等。古人为我们留下了最令人叹为观止的水利工程都江堰，位于四川省都江堰市城西，是中国古代建设并使用至今的大型水利工程，被誉为"世界水利文化的鼻祖"，是四川著名的旅游胜地。都江堰水利工程由秦国蜀郡太守李冰及其子率众于公元前256年左右修建，成为世界上迄今为止年代最久的以无坝引水为特征的水利工程。

岷江是长江上游水量最大的一条支流，都江堰以上为上游，都江堰市至乐山段为中游，流经成都平原地区，与沱江水系及众多人工河网一起组成都江堰灌区；乐山以下为下游，以航运为主。雨量主要集中在雨季，岷江水涨落迅猛，水势湍急。岷江出岷山山脉，从成都平原西侧向南流去，悬于成都平原地上，成都平原地势向东南倾斜，坡度很大，落差达273米，所以每当岷江洪水泛滥时，成都平原就是一片汪洋；一遇旱灾，又是赤地千里，颗粒无收。岷江水患成为古蜀国生存发展的一大障碍。

都江堰主体工程包括鱼嘴分水堤、飞沙堰溢洪道和宝瓶口进水口。通过治理，成功地将岷江水流分成两条，把一条水流引入成都平原，达到分洪减灾的目的，同时引水灌田、变害为利。

现代水利工程代表当属长江三峡水利枢纽工程，三峡工程是当今世界上最大的水利枢纽工程，主要作用是防洪、发电和航运。三峡工程分三期，从 1994 年开工，到 2009 年竣工，总工期 15 年。三峡工程位于长江三峡之一的西陵峡的中段，坝址在湖北省宜昌市的三斗坪，三峡工程建筑由大坝、水电站厂房和通航建筑物三大部分组成。

作为世界上最壮观的水利工程之一，三峡工程具有极高的旅游景观价值，伴随着它的建成，还有一批旅游景观随之产生，三峡大坝旅游观光区（坛子岭、185 平台、截流纪念园、坝顶等）是湖北省仅有的两个国家 5A 级旅游区之一，也是全国唯一的 5A 级工业旅游区。湖北和重庆两地原来藏在深山中的大批新景观展现在世人面前，成为长江三峡旅游的新景观。随着三峡宽谷成平湖，在长达 650 公里的水库里，可形成峡谷及漂流河段 37 处、溶洞 15 个、湖泊 11 个、岛屿 14 个。

3. 战争

冷兵器时代的战争往往利用自然力量作为攻击敌人的辅助手段，兵书《孙子兵法》分别在《行篇》《虚实篇》《行军篇》《火攻篇》中提到用水破敌之法。破釜沉舟、背水一战、水淹七军都是古代著名的战争故事，留下来可以作为旅游景观的代表的是湖北省咸宁市境内的赤壁大战遗址。

4. 人文

将水比喻成人生也是古人常用的手法，借此抒发胸臆，感叹人生。如曹操《短歌行》："对酒当歌，人生几何？譬如朝露，去日苦多。"李白《将进酒》："君不见黄河之水天上来，奔流到海不复回。"苏轼《前赤壁赋》："寄蜉蝣于天地，渺沧海之一粟。哀吾生之须臾，羡长江之无穷。"

也有借水说理劝世的，如庄子的《秋水》，文章通过河神和海神的对话，以涓流与汪洋对比，显示世事纷争和追求都是滑稽可笑的"毫末"，劝告世人停止纷争和无度进取，嘲笑不知天高地厚的伯夷、孔子徒然博取名声。

也有通过对水的描写反映作者的审美取向的，王勃《滕王阁序》："落霞与孤鹜齐飞，秋水共长天一色。渔舟唱晚，响穷彭蠡之滨；雁阵惊寒，声断衡阳之浦。"

许多旅游景观都在水边，如赣江滕王阁、洞庭湖岳阳楼、长江黄鹤楼、滇池大观楼等，都能借以追怀先人、体验人文情怀。

说到水文化景观当属西湖为最，苏轼曾写道："欲把西湖比西子，淡妆浓抹总相宜。"西湖旖旎的风光和曾经的帝都，吸引了不可计数的文人骚客过往吟咏，统领中国众湖景观文化。

第三节　旅游景观文化建设

一、非物质文化旅游景观的规划与设计

（一）非物质文化内容的加载

非物质文化景观的核心内容是宗教信念、价值观、规范体系等人类的心理与精神信息，并以非物质的观念形态存在于人类社会，它们虽然无所不在，却看不见、摸不着，不能以直观的形式展示在人们面前，也不能直接保存下来。因此，为了保存、表达与展现这样的非物质文化，就需要载体来承载与转化，即通过对象化的过程将非物质文化景观转化为物质文化景观的形式来展现；或将宗教信念、道德、价值观念等超越个人意识的社会规范与制度体系，透过内化的过程，根植于个人意识之中，并通过个体的行为习惯来承载和传达这些心理与精神的信息。这一加载过程是非物质文化景观旅游规划设计的基本前提。

1. 对象化

对象化，哲学中又称为物化、客体化，是指人通过活动来满足自己的需求，表现或体现在对物质对象（客体）的作用上，并在客体中实现自己、肯定自己，即人的意识和意志的物化过程。

非物质的文化往往看不见、摸不着，其所蕴含的人类心理与精神信息需要经过对象化、物化为可以看到的或可以感觉到的景观，并通过对象化的载体进行传承和表达。非物质文化景观的对象化过程，就是将人的目的、观念、思想和本质力量凝结在特定的、具体的物质载体上，通过物质载体来实现和表达人自己的存在和意志等非物质的文化内涵。非物质文化景观的对象化过程是非物质文化景观表达的主要方式之一。例如，通过宫殿、庙宇、园林、民居等具体的建筑形式及依附于这些建筑空间而组织起来的社会生活来体现当时当地的民族文化状况、审美情趣和思想意志。在这里，建筑是具体的、物质的，而其传达出来的宫殿的辉煌与巍峨、庙宇的庄严与神圣、园林的幽深与意境、民居的清新与朴素等非物质的文化景观信息则是看不见、摸不着的人类心理与精神。这种非物质的心理与精神恰恰是通过对象化的手段，物化为各种具体的建筑形式来体现和传达的。

2.内化

内化是指个体通过学习和实践，把外在的知识、观念、道德或规范转化为自己内在的知识、观念和行为规范的过程。作为社会意识的规范体系，一旦内化于个人意识之中，个体不仅会遵守这些社会规定的行为准则，而且身为社会的一员，也愿意将这些准则内化为自己的价值准则。于是，宗教信念、价值观念、规范体系等非物质文化的心理与精神信息便通过个体的心理意识或行为习惯得以表达。

（二）非物质文化景观的展现

非物质文化内容通过对象化与内化的过程而得以转化并表现出来，非物质文化景观旅游规划设计即是针对旅游的需要，将这些通过转化而形成的非物质文化景观形式通过科学的规划与有计划的安排加以强化与凸显，最终展示给旅游者。如前所述，非物质文化景观资源往往表现为一些活态的、口头的，有时甚至是精神的存在方式，这与一般对物质形态旅游资源的规划设计有着很大的不同。那么，如何将非物质文化景观展现给旅游者呢？

1.博物馆

博物馆在保护、研究与展示物化于物质载体之上的非物质文化景观有着不可比拟的优势。同时，博物馆也是营造非物质文化景观旅游体验的绝好场所。它是非物质文化景观意境流旅游中意境点的集中之处，也是意境场最好的空间体现。

博物馆最早出现在奴隶社会，其本质功能是收藏和保护藏品。随着近代资本主义文明浪潮的传播带动了博物馆的变革和发展，博物馆拓展出其科学研究与宣传教育的两大职能。20世纪后期，博物馆的形式和内容都更加多元化。进入21世纪，博物馆迎来了全球化时代，更加强调其为社会服务的本质，并将展示、宣传文化内涵放在更加重要的地位。

按国际博物馆协会（ICOM）2001修订后对博物馆的定义，博物馆是一个以研究、教育、欣赏为目的而征集、保护、研究、传播和展出人类及人类环境的物证的、为社会及其发展服务的、向大众开放的、非营利的永久性机构。ICOM还进一步认可了九类相关机构也具有博物馆资格：

① 具有博物馆性质的从事征集、保护并传播人类及人类环境物证的自然、考古及人种学的历史古迹与遗址；

② 收藏并陈列动物、植物活标本的机构。如植物园、动物园、水族馆和人工生态园；

③ 科学中心及天文馆；

④ 图书馆及档案中心常设的非营利性艺术展厅、保护机构和展览厅；

⑤ 自然保护区；

⑥ 符合博物馆定义的国际、国家、区域性或地方性博物馆组织，以及负责博物馆事务的政府部门或公共机构；

⑦ 从事与博物馆和博物馆学有关的研究、教育，培训、记录和其他事务的非营利性机构或组织；

⑧ 保护、延续和管理实物或非实物遗产资源（活遗产和数字模拟活动）的文化中心或相关机构；

⑨ 执行委员会经征求咨询委员会意见后认为其具有博物馆的部分或全部特征，或通过博物馆学研究、教育或培训，支持博物馆及博物馆专业工作人员的此类其他机构。

从以上 ICOM 对博物馆的定义与九类相关机构的资格认定可以看出，其所包括的内容相当广泛，基本涵盖了非物质文化景观符号类与一般物质实体类载体的绝大多数内容，即凡可移动的、可物化的非物质文化景观载体都可以通过博物馆的形式来展现。

2. 民俗风情园

从 ICOM 广义的博物馆概念理解，民俗风情园亦具有部分博物馆的性质，这里将其独立提出来讨论，是因为非物质文化景观最具代表性的载体——人及其在生活中所展现的言谈、举止、行为、服饰等身体上的信息是活生生的，不便于用博物馆的形式加以展现，而通过民俗风情园这种旅游形式却能将某些无法以物质化或符号化的口头或技艺性的非物质文化景观活生生地展现给旅游者。

我们这里所说的民俗风情园是指主要由人工新造为主的，以收集、保存、展示民族文化遗产和民俗文化为中心，融教育、娱乐、休闲为一体的多元化、综合性的大型游乐区。例如，喀什西山民俗风情园就是一个带有浓郁民族特色的，集历史、人文、景点于一体的大型旅游风情园，是集中展现喀什地区维吾尔族歌舞、饮食、服饰等非物质文化景观的主要场所。

一般民俗风情园的建设，从总体布局、建筑风格到室内陈设、用具的选用，都应严守旧规，无论形态、尺寸、材料、技术，皆以民族习惯或旧制为准。

民俗风情园最能集中保存与展示活态的民族生活，从衣食住行到农工商等社会活动，从岁时年节、婚丧喜庆、童玩杂耍、民间技艺，到宗教活动、文教音乐、戏曲歌谣、民族歌舞等，都能集中在民俗风情园中表现出来。民俗风情园中保存与再现的往昔生活方式与社会原貌，在为外地游客提供了解当地民族文化与娱乐的同时，也为当地民族成长中的下一代提供了学习和亲身体验这些民族传统文化、感受前辈的智慧和气息的学习场所。

3.民俗村

这里所说的民俗村是相对上面以人工新建的民俗风情园而言的，是指主要以民族文化积淀深厚，民俗特色突出的自然村落、民族聚居区域为依托，在不影响、不改变原住民的生活习惯与文化风俗的基础上，将其开发建设为具有一定旅游接待能力的非物质文化展示景区或景点。游客直接置身于原汁原味的民族风情生活环境之中，通过与当地居民的共同生活、交流、学习，以体验融会于民俗村原生态生活中的非物质文化景观。例如，以"吃农家饭、品农家菜、住农家院、干农家活、娱农家乐、购农家品"为特色的成都农家乐就是依托川西民居及花卉、盆景、果木等生产基地，通过农家园林、观光果园、花园客栈等形式将川西民风、农事体验、农林科普等非物质文化景观活生生地展现给前来休闲度假的旅游者。这种通过真实生活来展现当地民风民俗的成都农家乐形式经过十余年的发展，现在已经成为影响全国的乡村旅游开发模式。

（三）非物质文化景观旅游意境流规划——情感性旅游产品

非物质文化景观是人类文化生活中"意义或精神"的集中体现，非物质文化景观旅游的目的即是通过旅游体验以获得这种"意义或精神"的心理感受。因此，非物质文化景观旅游的规划与设计的核心即是要依托非物质文化景观资源设计出能满足游客精神与文化需求的、具有情感性的旅游产品。

要规划设计出完整的情感性旅游产品，首先，必须要在非物质文化景观旅游体验的过程中为游客营造出适合旅游主题的情境。其次，在旅游过程的时间与空间序列中，要恰当地安排情绪的诱发点。最后，通过一系列的情境烘托与情绪的激发形成完整的非物质文化景观旅游的情感体验。针对非物质文化景观旅游规划与设计的特殊性，我们采用非物质文化景观意境流的规划设计手法，而与情感性旅游产品三个层次相对应的步骤分别是：意境场的营造、意象点的诱发和意境流的形成。

1.意境场——情境的营造

人是情感动物，情感是人类精神活动的起点，笼统地说，情感是主体对客体与主体自身需要之间的一种感受和心理体验。情感的产生和发展离不开情境。所谓情境，是在一定时间内各种相对的或结合的境况（《现代汉语词典》）。我们所说的情境，是指非物质文化景观旅游过程中所构建起来的一种"社会文化背景"，即非物质文化景观旅游的意境场。

从开发商与旅游景区建设的角度来讲，其主要任务就是创设非物质文化景观旅游的情境环境——意境场。非物质文化景观旅游意境流的规划设计手法试图为游客提供这样一种富于意境的旅游环境，使游客能参与非物质文化景观活动中，并进行探究性旅游实践。要实现这一目标，就必须从硬件情境建设与软件情境建设两个环节来打造非物质文化景观旅游的意境场。

（1）硬件情境建设

非物质文化景观旅游的硬件情境主要指旅游接待地为营造出一定的非物质文化景观旅游意境场而必须具备或建设的一些旅游设施和旅游服务设施。

非物质文化景观旅游意境场的硬件情境建设应遵循以下原则与方法：

① 紧扣主题，突出特色。

首先，旅游主题的选择要形象鲜明、特色突出，对旅游景区的建设与情境营造要围绕主题意境进行系统而合理地设计与筛选，特别是要避免出现一些不和谐的因素而破坏了整体的意境，使所有的建筑、表演、活动都能鲜明地展示本旅游区的主题。

其次，要避免大而全的规划设计方法，应紧扣主题，大胆取舍，不能使人感觉似是而非，好像什么都有，而实际上又什么都没有。所谓取，是指集中精力将潜在的与主题紧密联系的非物质文化景观资源最大限度地挖掘出来，对能产生与主体意境相似心理感受的意象点进行组合，甚至可以运用多媒体来制作背景画面以渲染气氛、增添情调，实现情景交融，创设美的旅游氛围。所谓舍，是指把不相关的或相抵触的景点删除，或通过设计手法将其转型，向主题靠拢。

② 严守旧制，尊重民族习惯。

一般涉及民俗或历史文化内容的景区建设，从总体布局、建筑风格到室内的陈设、用具的选用，都应严守旧规，尊重民族传统习惯。无论形态、尺寸、材料、技术，皆以民族习惯或旧制为准。唯有如此，才能营造出尽可能真实的情境氛围。

③ 挖掘历史文化信息，寻找众多非物质文化景观资源之间在时间与空间上的内在联系。

④ 运用意境流的手法突破时间和空间的限制重新编排素材，将所有的资源整合融通。

（2）软件情境建设

非物质文化景观旅游的软件情境主要指旅游接待地为营造出一定的非物质文化景观旅游意境场而采取的富于情感性的旅游管理方法和多种多样的非物质文化景观的展现、表演形式。

非物质文化景观旅游意境场的软件情境建设应遵循以下原则与方法：

① 强调场的概念、加强主题氛围的营造。

场的概念起源于物理学，是许多物理量的数学关系和空间形式的一种表示方式。

这里引用为非物质文化景观旅游过程中通过景观、旅游设施及旅游服务所综合形成的一种旅游文化背景与情感氛围。而情感氛围的营造特别依赖管理人员、导游等旅游服务人员在某个具体的工作场所围绕特定的旅游主题所共同营造的一种情感气氛和情调。这种无形的情感氛围对游客的情感引发与表现有着显著影响，良好的情感氛围是一种强化游客对非物质文化景观理解与认识的触媒剂，能激活特定旅游环境中游客的情感活力与探求欲望。

优化非物质文化景观旅游的情感氛围，是现代旅游经营中一种极富睿智色彩和前瞻性的表现，要赢得游客对非物质文化景观旅游产品服务更多的满意与对旅游企业的更多信任，旅游经营者就必须成为非物质文化景观旅游意境场的情感中心与情绪领袖，以引领游客在旅游过程中的情绪激发与情感氛围。例如，旅游景区的解说与标示牌系统是营造非物质文化情感氛围的有利场所。从景点牌示、指路牌示、忠告牌示到服务牌示的设计与选材都应该做到与主题相一致，且不露人工雕琢的痕迹。导游画册的设计也应该突破传统地图模式，引入意象旅游的理念，将整个旅游区的意象点，意境流和意境场在图中标明，并对全区的主题作一个简明的介绍，以引导游客的情感发展方向。

② 情感性劳动。

要成为非物质文化景观旅游意境场的情感中心与情绪领袖，旅游经营者就必须将旅游服务提升到"情感性劳动"层面来认识。

"情感性劳动"最早由美国社会学家霍切查尔德提出。她认为，情感性劳动指员工在服务过程中，为顾客营造一种情感状态和情感氛围。员工在服务过程中，不仅需要从事体力和脑力劳动，而且需要从事情感性劳动。在霍切查尔德的定义中，情感性劳动包括三个基本条件：第一，员工与顾客在公众场合面对面交往；第二，员工为顾客营造良好的情感氛围；第三，企业可以在一定程度上调节和控制员工的情感性劳动。

旅游是服务性的产业，作为旅游运营商与经营者都应该明白，游客对旅游服务的要求不再只是观光、食宿等简单的物质要求，而是更多地在寻求精神和情感上的满足。游客不仅会评估旅游服务的结果，而且会根据旅游服务人员的服务态度、服务熟练程度、服务的专业化程度、服务的便利性、快捷性来评估服务的过程与质量。因此，旅游管理人员应特别重视服务内容的文化内涵，以及礼貌、微笑、真诚等服务属性，并根据这些服务属性，通过旅游从业者的情感性劳动建立起充满文化内涵与愉悦情感的服务体系，为非物质文化景观旅游营造出良好的文化与服务氛围。例如，导游讲解体系就是最能体现旅游情感性服务的窗口。俗话说："看景不如听景。"

何况许多历史典故、神话传说、人物故事是必须通过解说才能让游客了解的。为了给游客提供更好的讲解服务，旅游区工作人员对本区非物质文化景观的内涵与历史要有全面而深入的了解。只有这样，游客才能从旅游情境的意蕴、演员的演出活动、导游及服务人员的言谈举止与故事情节中，加深对景区文化的理解，达到非物质文化体验旅游的目的。

③强化游客的参与性，发挥游客的想象力，提升游客的主观体验。

注意参与型活动的安排与设计，参与性的旅游活动是最能激发游客亲身体验的途径。较之一般性的观光，参与性活动更能提高游客的兴趣，满足他们更高层次上的精神需要。

2.意象点——情绪的诱发

意象点就是能够诱发游客情绪波动，产生感想的某件具体的事物。它可以是整个旅游区，也可以是其中的某个景点，甚至仅仅是一件文物，一场民族歌舞的表演，或者是一个当地的传说故事。由于这些意象点中所蕴含的非物质文化信息与游客的心理产生互动或感染，从而诱发游客的情绪体验与表现，进而启发人们的联想。因此，非物质文化景观旅游过程中，当游客进入已规划设计好的意境场旅游环境以后，在意境场情感氛围的烘托与熏陶的基础上，应当进一步设计出一系列的旅游意象点以诱发游客的情绪体验与表现。

（1）实时而随机的重构

非物质文化景观旅游，不仅仅是猎奇性的观光与平淡无奇的认识过程，而且带有强烈的情感表现与独特的主观体验色彩的精神娱乐与学习过程。而游客的某种愉快、享乐、惊叹、感怀等多种享乐色调的情绪体验与表现为旅游意境流的产生与形成提供了动机，对旅游的认知和行为起着组织和重构的作用。但是情绪的产生与发展同人的切身需要和主观态度有关，具有较大的情景性、短暂性，这一特点直接导致了旅游意象点的规划设计具有不可确定性和变化性。在实际应用中，我们往往通过建立旅游意象点资源库的方法来实现旅游意象点的构建与游客情绪的诱发。具体而言，游客在实际游览的过程中，依托旅游意象点资源库里的信息，以一件件当时正在进行的旅游事件为旅游意象点，通过触发物的引发、游人的意识活动不断向四面八方发射、收回、联想、重构等循环往复的思维活动，最终形成一种枝蔓式的意境流旅游结构。

（2）意象点之间的协调

意境流的形成并不是各个意象点的简单罗列，而是要精心选择具有统一性和代表性且格调和谐的意象事物，有机地拼合剪接在一起来构组意象图画，并最终形成意境流的旅游体验。各个意象点之间要有机协调、既要与主题相协调，为主题服务，又要同意象场的氛围和谐一致。

（3）有机地组织

所选意象点或事物并非简单组合即可成功地形成意境流，这点正如围棋，并非随意摆放几个棋子就能形成地盘布局或者杀机，几个棋子之间必须有内在的谋略联系，互相呼应，声势若隐若现。同样，对非物质文化旅游意境流进行建构时，几个简单事物朴素自然、不露痕迹的拼贴之间，实际上蕴藏了精心的规划设计。正是这种蕴含了大量精神或文化因素的"有计划地安排"才能使那些本来是独立分离的事物在主体意韵的协调下统一起来，如果没有这种意韵，那么，就如围棋布局没有谋略，只能是一盘散沙。

3. 意境流——情感的形成

意境流旅游是游客在一种特意营造的情境氛围中，以想象、联想等创意性的思维与情绪活动为重点，对非物质文化景观加以重组、建构来实现深度情感体验的旅游方式。简单而言，就是触景生情或见形知神的旅游审美方式。

在意境流旅游活动中，往往伴随着强烈的情感体验，正如美国心理学家诺尔曼·丹森所说："情感处于人的不断发展着的意识流之中。"情感作为人对周围客观事物而产生的反应形式，是指主体对客体是否符合自己的需要所作出的对客体态度的一种特殊反应，是通过主体对客体的感受和体验表现出来的。情感属于人的非理性因素，旅游中游客的情感在把握外界的非物质文化景观时，并不是作为一种相对独立的认识形式去反映的，而是渗透于游客的各种旅游活动之中的。并且情感把握的不是非物质文化景观本身，而是把握外界客体（景观）与主体（游客）自身的关系，即把握外界客体与主体需要之间的关系。当非物质文化景观能满足游客的需要时，就会产生积极性的情感；反之，则会产生消极性的情感。非物质文化景观旅游规划设计的目的就是要在这个反映、把握的过程中，使游客能对这种关系产生一种积极的态度和体验，这种态度和体验通常表现为旅游中情绪的放松、精神的愉悦、旅行的欢乐或游憩的喜悦等情感体验。

（1）原则

① 旅游者素质与背景信息的准备。

非物质文化景观因其深厚的文化底蕴与历史积淀，其欣赏与理解要求游客具有相应的文化修养。面对相同的非物质文化景观，具有较高文化内涵的游客比文化素质较低的游客所获得的情感体验要多得多，具有较高文化内涵的游客也更容易同旅游主题所期望的意境产生共鸣。因此，要想在旅游中获得更多的知识和美感，最重要的是加强景区文化内涵的宣传与普及，提高游客自身的综合文化知识。

在旅游者素质一定的前提下，旅游现场相关信息的提示与暗示成为提升游客情感体验最有效的途径。因此，解说系统的规划是非物质文化景观旅游活动中非常重要的一环，包括牌示系统、语音解说系统、导游讲解系统等软件情境的建设。

② 情感互动。

在非物质文化景观旅游意境流的形成过程中，旅游服务者（如导游）与游客，游客与游客之间的情感相互感染有着十分重要的作用。研究认为，游客的行为存在着一种无意识的、相互模仿的倾向。人们在表情、动作、姿势、声音等方面相互影响、相互模仿，进而产生相同或类似的情感状态。游客的这种模仿是自发的、无意识的和无法控制的，不仅包括行为模仿，而且包括人们心理的相互影响，从而使一个人情不自禁地进入对方或群体的意向性感受。引导和发挥这样的情感转让与互动是非物质文化景观意境流旅游规划设计中十分重要的一环，情感互动的关键在于旅游服务者（如导游）与游客，游客与游客之间的相互作用，它把两个或两个以上的人结合在一个共同或共享的情感体验意境场中。在这个过程中，情感就像一束光，游客既是一束光源又是一面镜子，游客受到他人情感的照射并激发出自己的情感，然后又将自己的情感体验连同对方的情感反射给对方或投射给第三方，如此循环互动，情感的影响范围不断扩大，最终形成更为强烈的情感体验意境场。

（2）方法

非物质文化意境流旅游情感体验的构筑，是规划者、经营商、导游等众多旅游服务人员通过有计划地安排与一定的技巧，从客观事物中选取一定的意象点，并将之组合成意象而产生的。在旅游者思想与文化水平一定的情况下，规划设计意境的高低往往决定着游客对非物质文化景观意境流体验的好坏与优劣，因此，意境的成功表达和再现，离不开意境构筑方法的成功运用。

① 拼贴法。

所谓拼贴，就是从已有的客观事物中，选取一些具有代表性的意象点，在形式上简单地拼合剪接在一起来构筑意象图画的手法。此法追求自然朴素，讲求意象事物的涵接自然，不露痕迹。要做到这一点，在选取意象立足点时，应该注意两个问题：一是所选事物要具有统一性和代表性，格调要和谐；二是要寻求所选事物之间的潜在联系，并将它们有机地结合起来。例如，中国传统文人园林中，往往在庭院中种植松、竹、梅、梧桐等植物，室内布置琴榻、茶具、文房四宝等日常用具。这些事物在格调上是和谐统一的，都是文人雅士长伴的"良友"，把它们拼贴在一起却营造出一个清淡、高雅的意境场。这些简单的事物在游客的情绪体验中又分别引发出松风、竹雨、梅香、梧月、琴韵、茶烟、书声等意象点，组合出一幅幽雅、飘逸的意象图画，进而引发游客对园主人安详惬意隐逸生活的遐想，以及对文人园林艺术精神内涵的情感体验。简简单单的事物，平平淡淡的格调，妙就妙在意韵的表达，这是拼贴法的上乘境界。

② 时空法。

时空法就是选择处于不同时间与空间上的意象事物来构图，使意象画图成为横跨中外、纵贯古今的立体时空情境，打破理性思维的单一时空格局。以此构筑意境流能使游客在感官印象上形成立体鲜明、形象生动的映像，并产生戏剧化的情感体验。采用此法构筑意象空间时要注意各意象点相互之间亦应遵循统一与协调的基本原则。同时，在空间层面上要高低、内外结合，时间层面上尽可能拉宽、拉长，使纵横交错的构图能给人以鲜明的立体感与历史的纵深感，让游客感受到沟通古今、驰骋千里的心神开阔的场面。

以贺兰山文化带为例，空间上以贺兰山为中心，聚集了黄河、长城、西夏王陵、西夏离宫遗址、西夏皇家寺庙群遗址、兵沟汉墓群、古战场等意象点；历史纵深上，从汉代蒙恬戍边、大夏国赫连勃勃的丽子园、宋代的河外五镇、岳飞的《满江红》，到李元昊在此称帝建立西夏国、成吉思汗灭西夏、康熙西征格尔丹等历史典故层出不穷。这些悠久的历史故事与厚重的文化底蕴在时空重构的处理手法下，为游客猎奇探究、叹息遐想创造了广阔的意境空间和强烈的情感体验。

③ 跳跃法。

意境流时空的巨大跨度必然伴随着意识的急剧转换与跳跃性思维，即从此意象点跳跃转换到彼意象点的转换与跳跃手法。此手法讲究跳跃的合理性和可行性，要注意各意象点之间的过渡与联系，否则就有造成前后意象点意境隔离或冲突的危险。其次，要适当地过度跳跃，使之既在情理之中，又出游客意料之外，让游客对跳跃变化的结果有耳目一新的感觉。

仍以贺兰山文化带为例，游客的意境画面不断地在长城、蒙恬戍边、古战场、丽子园、河外五镇、《满江红》、李元昊、西夏国、成吉思汗、康熙、格尔丹等意象点间反复跳跃变幻，但他们都是在边塞文化这个统一的主题下合理地进行着的。其中，西夏国的历史变迁更充满了神秘色彩，从能征善战的李元昊雄心勃勃地建国，到他骄奢淫逸而惨死于骨肉相残；从成吉思汗灭西夏后西夏文化的荡然无存，到武威感应寺碑的传奇发现，这些一个个既在情理之中又出乎游客意料之外的传奇故事，最能给游客留下印象巧妙而鲜明的意境效果。

二、旅游景观设计中突出地域文化

（一）在旅游景观设计中反映独特的地域文脉

文化这一概念本身就具有地域性，地域为文化赋予了基本的底色，形成了文化最初的沉淀。在中国古代书籍中已反映出古人对文化地域性的重视和强调。《诗经》中所描绘的"十五国风"就反映了当时不同地域所存在的具有差异的风土人情；《汉书·地理志》则明确地揭示出自然环境对人的生存方式及文化形态的影响。

地域性在一定程度上意味着具有独有的特征与属性，而景观的地域性是景观的本质属性。旅游景观中对地域文化的表达、自然环境与地方气候的千差万别、当地传统建筑中所蕴含的场所精神，以及不同的建筑技术与材料的独特性都造就了景观独一无二的地域风格。设计师在面对文化旅游景观时，也应做到尊重场所精神、尊重自然环境，唤起旅游者对自然的回归和对历史文脉的传承。

在陕西西安曲江新区景观规划设计中，设计师就将当地特色文化景点予以保留，突出当地的自然风光、人文景观、民俗风情及都市文化，使其成为闻名中外的文化旅游胜地。曲江是中国历史上久负盛名的皇家园林，在曲江新区范围内分布有大雁塔、慈恩寺遗址、唐城墙遗址、大唐芙蓉园等知名的旅游景点。在对景区进行整体景观规划时，设计师利用景观道路和生态绿地将分布于景区内的众多文化景点，如大唐芙蓉园、大雁塔、汉代皇家陵寝进行衔接，同时利用滨河的苔原地貌和文化遗迹形成文化生态带，体现出曲江新区独特的文化韵味。同时在曲江新区的旅游景点的引导标识上借鉴汉唐的文化元素，使前来参观的游客感受到浓郁的汉唐文化氛围。

（二）注重对传统建筑和街区的保护及恢复

在旅游景观规划中注重对传统建筑的保护和恢复。建筑是四维的艺术，是对不同地域、不同民族的气候条件、生活习惯、文化传统、历史沿革、艺术追求的直接反映。对于旅游产业的发展，应尽量将旅游地中具有建筑美学价值的传统建筑进行保留与恢复，使游客能够通过欣赏与游览当地传统建筑，进而对当地的历史文化、风俗文化遗迹、宗教文化进行欣赏与了解。

通过建筑对当地文化进行展示，这不同于图片或文字的说教，建筑能够将旅游地的人文历史及现实特点展示得更加丰满，并创造出极具个性的地方历史文化特色环境，营造出的文化旅游景观独具特色并富有鲜明的个性。

（三）注重景观文化的可持续发展

在目前全球化的进程中，不同民族文化间的相似性和共同特征也在日益增加，在文化旅游景观的设计规划中就要注重保护和维持一个地方独一无二的特征，以反抗全球化大潮中"被同化"的力量，使文化景观呈现出多样性的文化环境与自然环境。对文化旅游景观进行规划设计时要挖掘景区的深层价值，建立景区的资料库，准确评估景观价值，同时发现其中的潜在价值。

第八章 景观文化的设计与营造

第一节 景观文化与周边环境的联系

现如今，在众多历史性质地段充斥于城市的背景下，将景观文化置于历史地段中，景观文化与周边环境的协调与共生，存在着特殊的意义和特有的相处原则。

一、景观文化与周边环境的关系特点

在城市发展和现代化建设的大背景下，种种因素常常制约和影响一个城市的历史地段与周边环境的变化，某些重要历史地段出现了被破坏、占用或荒废的现象。景观文化在其中也受到了极大的影响，尤其是在城市化进程不断加速的情况下，许多历史地段的景观与周边的环境变得十分拥挤，使用功能也相当杂乱，破坏了景观的文化氛围，同时也影响了城市的整体环境风貌。城市在大动土方的今天遗失了很多历史痕迹，缺失了一些历史文化特色，景观文化作为历史文化的载体更无法在此展现对人文特色与古老历史的表现。

景观文化在城市历史地段的表现方面必须要注意景观文化与周边环境的关系，从大体上说，景观应该是整体与统一的，应该是功能和谐、形式统一、美观大方。历史地段的周边环境实际上是景观文化向城市其他地区过渡的重要部分，映射着景观文化，对景观所在的区域环境特色，起到视觉形象的引导或烘托的作用。更重要的是，一个城市历史地段周边环境和所展现的景观文化风貌会影响和体现一个城市的风貌，甚至会成为这个城市的地标性区域，直接体现着城市的特色。

二、处理景观文化与周边环境关系的现实意义

在城市历史地段中，景观文化与周边环境关系处理的现实意义就是形成景观与周边环境的和谐关系，对城市历史地段景观文化有很大的保护作用，有利于展现城市深厚的文化底蕴，提高城市的文化品质，以积极的方式延续城市的历史文脉，更好地展现一个城市的特殊风貌。在处理好景观文化与城市历史地段周边环境关系的

同时，也有利于促进城市旅游业、房地产业的发展，进一步带动城市经济的增长。因此，处理好两者之间的关系，对解决城市历史地段的文化保护和城市现代化建设的矛盾具有一定的现实意义。处理好景观文化与周边环境关系对于一个城市的发展史具有重要意义。

三、处理景观文化与周边环境关系的原则

城市的快速发展使得历史地段的景观、景观文化都处于极度需要保护与处理的境地，随着现代人类心态的转变，旅游已经成为一个城市发展的一大经济来源，城市旅游的兴盛和人们保护观念的加强，使得城市历史景观文化不断受到大众的关注和重视，并通过形式多样的手法来修复与改造，以扩大景观文化的影响力。处理这种特殊城市历史地段景观文化与周边环境的关系必须注意以下五项原则。

（一）体现景观文化的形象

通过统一城市历史地段的整体风貌和风格，进一步烘托出景观文化的独特形象。首当其冲便是保护城市历史地段的整体风貌特色，通过保护遗留下来的历史文物古迹和文化产物，唤起人们对过去的怀念与记忆。在此基础上统一建筑风貌、景观文化的风格，形成景观文化与周边环境的融合与衔接，体现景观文化的形象。

（二）突出景观文化的主从

保护城市历史地段景观文化的完整性，突出整体景观品牌效应与景观文化的主从关系。保护城市历史地段景观文化的完整性，是处理景观与周边环境关系的基本要求和前提条件，景观文化自身的品牌效应有着不可忽视的表现力，其特有的魅力会直接表达城市历史与城市的回忆。

（三）延续城市历史地段景观文化

强化城市历史地段景观文化的文化特征，保护和延续景观文化，使景观呈现其特有的文化特色，并使这一文化特色得以保持与继承。独特的历史文化内涵就是景观真正内在的价值，全面地剖析景观的历史文化特色，在景观文化的自身中显示出其特有的文化特色内涵，从而取得在文化和经济上的双赢效应。

（四）维持景观文化与周边环境之间良好的生态关系

注重城市历史地段景观文化与周边环境之间的生态关系，净化城市历史地段景观文化的区域环境，构筑可持续发展的城市景观，注重生态景观的设计，让植物在其中形成小的气候，有利于改善周边的环境情况，提升城市有氧率的增值。将城市中的生活废水，通过水里植物的净化沉淀作用，这些手法都可以增强城市的生态效应，形成自身的循环作用，可以将城市的环境治理得更好。

（五）维护景观文化保护与经济发展之间的平衡

建立景观文化保护与经济发展之间的平衡关系，权衡其中，平衡双方，向双盈的方向发展。对城市历史地段景观文化进行整修，并且赋予它符合现代生活行为和心理要求的使用功能。对景观进行适当的扩充和改造，不但有着美化着城市和周边环境的作用，从而有助于提升城市的整体形象，而且也具有拓展社会功能的作用，在娱乐百姓的同时，实现相应的经济回报。

伴随着工业化与城市现代化的发展，人们对于高品质的生活有了更高的要求，物质已经不能代表人们的需求，精神生活的向往更加成为人们关注的焦点。"城市的记忆"已经成为一个城市联系历史与现在的最佳载体，在城市历史地段内去追逐历史的烙印，用景观设计中的多种设计手法去重现历史的景象，这些成为一个城市乃至历史文化名城保护与延续历史文脉的最佳契机，景观文化被放置于城市历史地段这种特殊的城市区位里面，所展现出的魅力肩负着传承与延续的使命。

第二节　地域文化在景观设计中的体现

一、景观设计中地域文化的体现及分析

（一）文化地域性的含义

文化地域性指的是在特定区域范围内，同该区域的风土习惯及生活方式具有紧密联系的，突出不同区域之间各自特色的、可以持续发挥功能性的传统文化。其主要受到历史发展不同阶段的经济背景和社会发展形态、民间风俗、生活习惯、精神信仰等方面的影响，并经过长期的沉淀积累逐渐形成的精神意识形态。其中包括了当地居民的价值观、日常生活方式等，具有地域性特征，同时也体现出该区域范围内的自然地理条件特征。

根据不同领域类型可以将文化地域性分为三个部分：自然文化、社会文化及人文文化。自然文化是地域文化的根基，是地域文化的重要外在体现，其主要受到当地的气候条件、自然地理条件等因素的影响。社会文化主要包括当地的经济形态、产业规划等发展状态，为地域性景观建设提供了稳定的经济支持。人文文化主要囊括了当地的传统文化、信仰、风土民情等人文因素，能够直接决定原住居民的价值观念和审美情趣。

（二）地域性景观的特征

地域性景观指的是特定区域与周边地区具有显著的特色差别的景观，其中包括区域范围内的自然资源和文化资源，如该区域遗留下来的历史建筑、风俗习惯、传统文化等。地域性景观的特征一方面包括自然地理环境特征，如当地的特色地质风貌及自然气候条件，另一方面不同区域的历史文化经过长期的发展会形成具有自身特色的历史文脉，也形成了地域性的意识形态。

（三）地域文化景观的构成元素

不同区域范围内所形成的乡土文化是人们在生活与交往的过程中提炼出来的适应当地生活方式、具有乡土特色的文化。地域文化的构成元素具有多样性，包括乡村特色公共建筑景观、特色饮食文化、精神信仰等，传统村落中的建筑与景观特色是地域文化对乡村发展影响的最直观表现，无论是建筑和景观的规划布局，还是建筑的设计风格、细节元素等都受到了地域文化的影响。

1.建筑及景观的规划布局

整体公共建筑的规划布局能够直接影响到其功能性定位。如西安作为十三朝古都，在历史上建都之始便是重要的政治、经济中心，在中国传统的布局中讲究中庸之道。古都西安以钟楼为中轴线，与鼓楼隔路相望，体现了传统宗法的礼制思想，讲究晨钟暮鼓。钟楼作为中心向四周扩展延伸至城墙，宏伟的城墙便是打开西安古都的第一扇大门，传统建筑及其布局形式都是西安历史的沉淀与积累。路网扩散也以网格状分布、几何规矩，每一条主路便都成了规划建设的轴线，而在不同的轴线上保留下来的古建筑，更加凸显了西安古都的地域文化特色，添加了历史文化的浓重氛围。

2.建筑的设计风格

我国国土面积广阔、南北跨度大，导致不同区域范围内的自然地理条件和环境条件产生了巨大差异，进而形成了具有地方特色的建筑风格，充分体现出地域性特色，这也能够反映出地域文化的魅力所在。例如，由于北方地域环境的气候条件及地理条件的作用，形成了北方建筑造型普遍差异小、建筑主体高度小、建筑屋顶起伏小，建筑中使用材料主要为砖瓦和木材，整体建筑群落也较为规整。长江中游地域的建筑多为江南风格，内部庭院多为天井式设计，建筑之间相邻距离较小、屋顶陡峻多变、表面装饰小巧精致、采用了大量的雕刻工艺。在南部丘陵地域建筑多为岭南风格，建筑民居尺度较大、门和窗多为窄条形态，整体状态较为封闭，装饰烦琐华贵。在我国西北地域的建筑多为西北风格，建筑整体特色淳朴稳重。

所以，在设计的过程中对地域文化元素的提取会受到不同建筑风格因素的影响，将特色建筑文化作为整个设计构思的基础，在设计中引用现代手法，通过中国传统园林元素的简化与提取，对地域文化进行深入的领悟体会，提炼其中的精华元素，结合多种造景手法并运用在景观规划中，以现代景观审美要求来营造富有地域特色韵味的景观设计，进而形成新的、具有代表文化特色的地域景观。

3. 民居形态

当地生活方式的最好体现便是对民居形态的保留，传统民居的建造是先人们根据当地的气候条件、地形地貌条件、社会风俗、生活方式、宗教信仰等环境因素进行建造的。在民居建造中，采取顺势而造、就地取材、资源合理化利用的设计手段，为现代民居建筑设计提供了重要的参考经验。传统民居的建造目的是为了能够给人们提供生活和居住的空间，更多体现的是生活需求，反映了自然环境与人文景观的多样性面貌。

4. 自然环境

对地域元素的提取与自然、地理因素相结合，形成了属于本地域独特的景观设计，一个地区代表性的文化旅游景区是该地区景观建设高度集中的物质文明体现，以其地域自然环境为基础，形成了具有地域生长特性的自然景观。

二、地域文化在景观设计中的表现

地域文化是在历史文化不断积累过程中提炼出来的适合本地发展的民俗文化、生活习俗、建筑风格等。这些元素都是在景观设计构思与实践过程中所参考与采纳的重要组成部分。在现代景观设计中通过不同设计手法的运用将这些地域文化元素相应地转化运用，可提升以景观设计中文化价值的表现。

（一）对文化元素的模仿

模仿不是一味机械地对现有景观元素的抄袭，而是在对元素符号的进一步理解上进行更深层次的创造，是对原有元素进行总结与提炼的过程，从而创造出更有代表性的艺术符号和艺术表现形态。在模仿的同时要尽可能地保留对象的特征，在还原大体形态的基础上进行合理化地创新，在继承模仿对象内涵的同时又赋予其新的生机，从而达到模仿创作的真正意义。景观设计中利用模仿的手段将物体的形状和结构进行还原，取其原有代表的意向所在，从而传递表达出其内在表达的神韵。在具体的实施时通过对现代建造材料的运用还原所被模仿景观，例如塑钢、不锈钢。在景观模仿设计中通过对新材料运用也会营造出全新的视觉效果，给人们带来视觉上的冲击力，打破传统景观设计观念的束缚；同时在景观的安全性方面进行更为周密的考量，以确保人们的安全。

（二）对文化符号的简化与抽象

地域文化符号丰富多彩，在采用的过程中要准确抓住地域文化的主要结构、色彩特征及形象特征，不是全盘进行抄袭，而是在景观设计的过程中有条理地对其进行简单化，汲取最能凸显当地特色的文化元素，将精华部分进行保留，在与现代景观结合过程中与相应的设计手法相结合，对于一些不利于整体造型与构图的元素进行合理化的删减或者简化。地域文化元素中的传统纹样、传统习俗等通过简化抽象的手段成为另一种景观符号，使人们一看便知是来源于哪种文化元素。

（三）对文化内涵的寓意

中国传统文化中往往追求"意"的存在，任何事物都被赋予美好的寓意，注重意境的表达。在景观的规划设计中，运用抽象寓意的设计形式来呈现景观元素，使得地域文化中增添了更加深层的含义。将神话传说或者具有特定寓意的动植物图样进行有机地结合，赋予全新的现代含义，并将人的情感带入环境中，引发人们的无限联想，引起人们心理上的强烈共鸣。

（四）对文化表现的创新

景观设计的过程中往往需要雕塑小品进行景观节点的点缀，在地域文化景观的雕塑元素表现上与以往的城市雕塑、广场雕塑不同的是更加追求地域性、文化性和民俗性。雕塑的表达形式可以是意向化的人物小品，也可以是夸张简易化的地域元素符号，通过对多种材料、色彩、形态的景观呈现，打破原有传统的表现形态，将设计元素更加醒目地表达，这是对景观元素创新性的需求。不局限于传统材料的运用，采用现代材料多材质的展现景观中传统文化的创新性，达到传统与现代的结合。

三、地域文化景观设计的要点分析

（一）地域文化景观的营造途径

1.保护与利用地域传统文化

地域文化是人们在生活、学习过程中通过历史的不断积累形成的具有当地特色的文化形式。城市化建设步伐不断地加快，使景观在表现形态上也趋于现代化表现，乡土风貌特色也在建设中不断流失。全球信息化的不断发展，促进了地域文化观念的开放性发展，更加具有包容性和多样性，让我们对原有的传统文化进行反思，逐渐意识到地域性的文化才是发展当地特色的代表所在，是一张让外界了解本地传统村落魅力的名片，因此，在景观设计的过程中通过营造地域文化景观来提升景区的文化价值。

（1）对地域文化的考究

对于地域文化的深入挖掘和考究是整个景观规划建设的核心部分，在分析研究地域文化的同时也是对于景观建设的整体定位和构思。不断地对历史文化、自然环境、生态环境深入了解，从而将地域文化形象进行基础定位，以满足人们对本土文化重新了解的欲望，只有挖掘及提炼地域文化的精华，才能对文化景观更好地进行创新性设计。

从历史文化出发，由于区域差异性导致的社会经济发展状态参差不齐、自然地理条件和文化氛围之间的差异，使得不同区域中形成的历史传统文化也不尽相同，经过长期的积累和沉淀，特定区域蕴含的历史文化也逐渐开始具有地域性和历史性，从而树立具有地域性特色的文化形象。所以，不同地区乃至于不同国家都在采用自己的途径通过景观的建设来呈现其具有特色的地域文化，随着社会和历史的不断变迁，具有地域性的历史文化更应该得到传承和保护。例如，古都西安蕴含着浓厚的汉唐文化及三秦文化，在景观规划中可以将这些优秀的历史文化进行提炼与升华，将能够代表这些文化的设计元素运用在景观规划中，增添了景观的地域性历史文化内涵，让接触和欣赏景观的人们更容易感受到这些历史文化，同时也促进了地域性特色形象的树立。

地域性历史名人也属于地域文化中的重要部分，同样可以突出该区域的地域性特色。特定区域中，培养成长出的历史名人，在历史长河中都留下过优秀的、值得后人赞扬和学习的事迹或者作品；在现代社会中，历史名人也成了不同地区的代言人，代表着该区域的良好形象，将历史名人以雕塑或其他形式呈现出来，在一定程度上提升景观品味，彰显其地域性特色。

自然地理条件是地域性特色景观规划建设的基础与保障，构成了整体发展的物质基础，直接影响地域发展的社会形态。自然环境是景观之间存在地域性差异的最重要的影响因素，这种因素造成的差异性是后天无法弥补和复制的，是区别于其他村落特色的背景因素。

（2）对地域文化的传承和保护

乡土经济和整体规划的快速发展，导致地域性特色文化不同程度的流失，严重影响传统历史文化的传承。村落中遗留的历史建筑遭到强拆，导致原有的个性特色与文化内涵缺失。因此，在传统村落景观规划中要引入情感化设计形式，运用雕塑景观、景观小品等触发人们对于历史文化的记忆，调动起人们的情感互动，最大限度地传承地域文化特色，保留原有的历史背景，引发人们心理上对于地域文化体验的共鸣。

（3）对地域文化的利用

中国已有几千年绵延不断的历史，物质文化和精神文化非常丰富，我国灿烂闪耀的历史文明是各族人民的骄傲，在这些历史文化中也蕴含着宝贵而又丰富的经验。例如，从园林造景设计中、住宅等建筑设计中都可以通过历史文化学习到古代人们的创造性及总结性的宝贵经验，值得深入研究，并进行灵活地运用。当我们进入乡村景观时，可以通过各种广场、景观小品、历史遗存建筑等元素对这个村落的历史文化、光荣的革命传统、科学技术的重要成果有清晰地了解。

设计过程中可以利用原有布局形态来确定它的景观分布形式，更深层次地提升景观内涵。为了彰显地域性，在景观小品中能够形象地反映出具有乡土特色的历史文化，对其的塑造可以运用寓意方式、抽象方式及简化的方式进行地域文化呈现，使景观小品与人文环境融为一体。在地域文化景观的保护与更新过程中古建筑的保留也是乡土文化的一种存在形式，在乡村景观规划过程中，对于地域性历史文化的保护和传承并不仅仅是对于历史文化进行简单的保存，而是将这些具有历史意义的文化元素融合在现代景观建设中。

2. 结合地域文化进行景观设计

随着现代科技的高速发展，一些新兴的科技手段及新型材料被应用在景观规划建设中，将艺术创作与现代科技结合在一起。同传统的景观设计相比，现代景观规划应用了具有高科技含量的技术手段和加工工艺，达到了更高的设计水平，通过对仿真材料的运用进行景观设计，可以减少许多设计制作中不必要的经济开支。由于更多新型的设计手段与工艺不断涌现，因此在现代景观设计中也更应该保持清醒的思维，进行客观地谨慎筛选，全面考量对于历史文化及自然环境的影响，不可以盲目追求高科技水平，需要根据景观规划中的实际需要，选择合理的设计实施手段，把传统工艺采用现代设计形式进行表现，赋予传统工艺以新的活力和生机。

在景观设计中运用不同质地的材料来营造景观之间差异性的质感，借助材料的色彩搭配及造型设计，创造出不同的表现形式，进而形成不同风格，最大限度地发挥出景观设计材料的功能性与美感。将地域文化元素融入景观规划中，与现代文化结合在一起，对于景观设计中材料的筛选，贯彻落实绿色环保理念，选择环保节能型功能材料，迎合地域文化和自然条件的要求及现代人们日益升高的审美情趣。现代科技同地域文化的结合加深了现代景观建设中的人文情怀，兼备了文化性与科技性。

3. 对传统设计手法的借鉴

在当今的景观设计中应用传统技术、提取地域元素是增强地域文化的有效途径。前人在与自然环境长期的斗争中寻求到与自然和谐共处的方法，并在实践中不断积累。中国古典园林的堆山叠石，传统建筑的营造技术都是景观与自然环境条件进行长期地磨合而逐渐沉淀形成的。在景观设计中，借鉴传统手法可以营造出地域特色，增添景观中的传统文脉。

随着社会的不断发展和历史的变迁，传统设计手法也随之不断发展与改善。由于自然环境条件对于传统技术的重要影响，也导致了传统技术具有地域性及多元化的特征，使得应用传统设计手法建设的景观更加生动形象、斑斓多变。

我国传统园林设计中注重天人合一的设计理念，注重人们与自然环境的和谐相处，将人居环境同自然环境完美地结合在一起。对于景观的规划并不是简单地随性布置，需要综合多方面的环境因素，采用艺术性的设计手法进行规划，在保证园林景观具有文化内涵的基础上，维持着连贯的景观秩序。在景观规划中可以运用传统园林设计手法，例如，借景手法、点景手法、框景手法等。传统园林艺术中，点景手法指的是在园林景观环境中，运用景观小品在大范围景观环境中进行点缀，需要重视景观小品与园林环境的格调统一，进而起到活跃环境氛围的作用。借景手法是将自然界中的山水景观、植物景观等引入园内，突破了景观原有的环境限制，使得景观空间更加开阔，营造更加丰富的景观意境。传统框景手法运用景观的明暗色彩和形态及视觉角度的强烈对比，通过精心设计使得整个自然景观环境更加富有艺术性，提升了园林景观的整体艺术欣赏价值。

（二）营造地域文化的手段

现代景观规划中通过硬质景观与软质景观的营造来体现地域文化，主要借助于景观设计材料的不同特性。通过现代设计手段将景观材料的自身价值淋漓尽致地展现出来，获得更加理想的景观效果。材料是现代景观中表现地域文化的最重要的物质载体，促进了历史文化与景观环境的渗透融合，进一步提升现代景观的美观性，设计重视受众人群的切身感受。合理化设计景观中的尺度、造型、色彩等要素，营造出优美的景观环境。

1.运用硬质材料进行景观设计

硬质材料在现代景观规划中是不可或缺的一部分，是构成乡土景观形象的组成因素之一。在 20 世纪 70 年代，英国建筑设计师盖齐和范登首次提出了硬质景观的理论，硬质景观与软质景观相对应，使用人工材料建造的大多为硬质景观，区别于植物景观、水体景观等软质景观。

硬质景观建设中主要有木质材料、石质材料、金属材料、高科技人工材料等，在景观规划中借助硬质材料的不同性能及质感进行合理化地搭配组合，给人们带来视觉上和精神上的冲击力，把各种材料或者元素有机地结合在一起，并进行合理化地创新，进而满足现代人们的生理及心理需求。

（1）现代玻璃景观

随着工业生产的不断发展，玻璃这一新型材料被用于各种领域，以其透明清亮的质感、光滑可以发生折射的物理性能，同石质材料和金属材料产生巨大的反差，实现了艺术性的表现效果，玻璃经常被应用在景观规划中起到点景的作用。古都西安大唐芙蓉园的景观建设中，就应用了玻璃材料进行景观的营造，运用现代材料和加工工艺，生动形象地展现了唐代的繁荣景象。设置了 25 座玻璃材质的景观雕塑，水晶材质的荷花造型配上雕花及镶嵌宝石，玻璃材质的花草和动物雕塑，设置在大理石基座之上，与精心设计的灯光照明相配合，营造出美轮美奂的景观环境。

（2）多元化金属材质的景观

金属材质景观是运用常见的金属材料呈现出的景观，金属材质景观具有悠久的历史，如在北京颐和园和故宫中铜质材料制成的亭子和动物雕塑。金属是景观构造中十分常见的材料，在景观的主要结构中或者细节装饰中都可能应用到。随着现代设计的发展已经成了美学设计的潮流，金属材料的强度及塑造性使之成了现代设计中应用最为广泛的材料。

（3）原生石材景观

石材大多为天然形成的，具有独特的质感和纹路，在现代景观规划中，将石材与现代加工工艺结合在一起，营造出独特的景观效果与光影效果，如常见的应用于景观建设的石材有大理石、鹅卵石等。

在我国古代，园林造景中叠石设计要求充分结合自然环境，尽可能模仿自然山石的形态，能够更好地向人们传达设计师赋予景观情感，讲究师法自然的情感表述。叠石一般采用湖石及黄石进行设计，湖石通常临水设置，讲究层次感和通透感，与周围的植物景观相配合，营造出更加具有层次的园林景观。采用黄石建造的叠石尺度一般都较大，整体外观形态显得伟岸挺拔。在古典园林造景中，运用叠石能够营造出重峦叠嶂的自然景象，增添了园林景观环境中的趣味性。

（4）景观小品

景观小品包括园林环境中的雕塑、亭廊等景观元素，是突出环境中地域文化的重要载体，进而促进了传统文化的传承与发展。景观小品具有较为简明精炼的实用功能和别致美观的外观造型以及丰富深远的内涵寓意，并且能够同周围景观环境完美地融合在一起。在一定程度上可以决定景观建设最终效果的成功与否。

2.运用软质材料进行景观设计

园林空间环境中的软质景观主要包括植物景观和水体景观。

（1）植物景观设计

植物景观在园林景观建设中占据着非常重要的位置，气候条件对于植物景观配置起到了决定性的作用，植物在不同地理条件及不同气候条件的环境中会产生差异性极大的成长状态。其不同色彩和冠型形态为主要考量因素，同时也能构成植物景观的自身特色。

随着现代土地成本逐渐升高，景观中的绿化面积越来越少，绿化设计显得格外重要。它可以有效提升环境质量，净化人们赖以生存的环境空气，同时也能够促进历史景观的传承及美化。绿化是乡土景观公共空间景观环境中的重要部分，对于塑造村落良好形象及文化特色具有一定的促进作用。

植物景观不但可以为乡村环境增添活力和生命力，还能扩展景观环境的轮廓。在植物景观规划中，首先要深入挖掘地域文化，掌握地域文化中的精髓，并将其中的精华元素应用在其中，尽可能地选用乡土植物，一方面可以最大限度地适应当地的地理条件及气候条件，迅速生长为成型的植物景观，另一方面还可以增添地域文化特色。在植物景观配置中选用乡土植物，减少了运输、管理等过程产生的费用开支，具有很强的经济效益。

（2）水体景观设计

水体景观是景观环境中最具活力及凝聚力的空间元素，具有极强的表现力。由于它的特殊性能可以营造出截然不同的景观形态，可以营造出宁静的湖水抑或是垂流的瀑布，鉴于水流的方向性可以运用在空间规划中，起到一定的引导作用，促进了乡村景观环境的健康循环。

在水体景观设计中最常用的手法就是运用高度差进行设计，形成喷泉和跌水景观，鉴于人们精神上的亲水性，喷泉和跌水景观也具有更强的吸引力。在现代景观规划中，水体景观设计主要运用动态水体来突出景观中的地域性特色，在动态水体景观设计中可以融合一些现代化的设计手段，如灯光、音乐等表现形式，以营造出更加惬意的景观效果，给人们带来前所未有的视觉体验和精神感受。

（3）硬质景观与软质景观的结合

传统村落中具有自身特色的公共景观在一定程度上能够反映出当地的地域文化特色，也能够彰显出现代景观设计与传统历史文化的完美结合。在景观规划中将硬质景观同软质景观进行合理化地结合应用，可以极大地提升景观环境中的特色和趣味性，可以在大面积软质景观中点缀一些硬质景观，如在草坪中铺鹅卵石，这样会在色彩、质感等方面都形成强烈的反差；或在水体景观中铺设木栈道，开拓游览路线，可以增添景观环境中的层次感。

四、实例分析——地域文化在高速公路服务区景观设计中的应用

（一）高速公路服务区的点位选择上体现地域文化内涵

高速公路服务区的选址是建设的开始。点位的选择要通过一系列的研究、分析、权衡，找出最能体现文化的点位，最后才能作出决策。一般来说，服务区选择在历史文化深远、自然地理环境优越和特色产品丰富的地段，如温泉、海滨或者有代表性的文物古迹等地。因为该地段丰富的历史文明和文化遗存可以给服务区带来生机和活力，加之历史文化浓厚的地段自身可能已经是旅游景点，其自身车流量、人流量就比较大。服务区选择在这些地方，既可便于司乘人员休息，也可以让旅游人士观光。因此，服务区选在这里，其功能可以得到充分利用，同时，也能充分发挥服务区作为地域文化载体的功能，有利于当地文化传播和物品的流通。因此，在服务区选址和建设过程中，挖掘和利用区域文化，保护当地自然景观和文明遗址，不仅不能破坏当地的自然景观和文明遗存，而且要为建筑景观设计提供最佳的环境空间。

高速公路服务区在设计时应注入旅游景区的建筑元素，既有利于为旅游景区提供全方位的便利，又能为旅客提供宜人的自然条件，满足旅客休闲和旅游需求。

宁常高速公路始于南京市溧水城北，止于常州武进区鸣凰镇东南，全长 87.259千米，为双向六车道，设计时速每小时 120 千米。该路段的茅山服务区位于镇江市与常州市交界处茅东水库南侧，三面临水，一面环山，距著名的道教圣地茅山道院12 千米，得天独厚的场地环境给人一种世外桃源的意境，使其成为茅山旅游线路中的一个新亮点。该服务区的选址就是考虑了当地的自然资源和文化资源的区位优势，服务区总用地面积 72 800 平方米，总建筑面积 17 000 平方米，绿化率达到 57%。另外，宁杭高速公路（江苏段）溧阳市境内天目湖服务区的选址，也考虑了服务区距该地优美的自然资源国家 4A 级风景区（天目湖风景区）仅 10 千米的因素，注重了区位自然资源的优势。

（二）服务区的建筑及景观设计融入地域文化

服务区的景观设计应整体考虑当地的艺术作品、古代文物、生活器具、各种习俗、学术成就等历史文化因素，并把握其生活习惯、风俗、礼节等风土人情，在吸取历史和人文精神的基础上，对其文化因子进行提炼、概括、运用，从而使地域文化在服务区的设计中得到提升。

1. 在服务区的建筑布局中融入当地的主要文化因素

高速公路服务区的布局要因地制宜，探索符合当地主要文化特点的布局形式。

宁常高速公路茅山服务区的建筑布局就是挖掘茅山道院的道家文化，以和谐共生、"S"形的拓扑生成。设计一方面挖掘道教文化中"阴阳互生"的意境，另一方面希望找到一种形式能够将建筑融于环境，内外对话与交融，最终形成了"S"形方案，即由两幢"C"形主体建筑组成，两者相互取景，依山傍水，亦有"依山念月、双龙得水"之意。建筑色调采用了传统江南民居黑白灰的色系，风格清新雅致、宁静安详，与自然风貌和道教文化相得益彰。立面处理亦吸取道教文化"道法自然"的理念，采用坡屋顶，严谨而规整的开窗方式，简洁的金属线条，仿佛是以自然环境为背景创造了一幅现代水墨山水画。

2.服务区的建筑风格应该先考虑具有当地特色的建筑样式

不同的地域自然环境造就了千差万别的建筑材料和技术，这也是当地建筑文化的集中体现，它具有唯一性，还可以增加服务区的艺术特色。在服务区的建筑系统中，材料和构筑技术与地区的自然条件、文化传统及经济发展状态的协调，可以创造出具有地域特色又具时代感的建筑形象。因此，在运用现代经济、技术成就的基础上对中国的地域文化进行提炼，将传统文化和现代建筑技术进行综合处理是我国现代建筑的典范。如新晃高速服务区位于湖南省最西部的新晃侗族自治县，地处沪昆高速公路K1511+845处。服务区建筑依据该地侗族居民住宅的风格设计而成，很好地体现了当地居民的建筑风格。

3.在服务区的设计中展示当地的历史文化

服务区在进行景观设计时应集中考虑当地的古代文物、各种制度、学术成就等历史文化元素。在吸取历史和人文精髓的基础上对传统文化进行提炼、概括和运用，使传统文化在服务区的设计中得到升华。如陕西西汉高速公路的秦岭服务区，位于西汉高速 K65+150 处，为双侧式大型服务区，总地 148.80 亩（1 亩 =666.67平方米）。其大型黄花岗岩雕塑群《华夏龙脉》总长 260 米、宽 6 米、最高 8.5 米。雕塑群以圆雕的方式刻画了 18 个历史典故。这座雕塑的设计将中华文明、蜀汉文化、秦岭历史融在一起。集中展现了秦岭五条古栈道及其历史文化，包括盘古开天辟地、三国故事中的明修栈道、暗度陈仓、木牛流马、上林苑骑猎、定军山战役、火烧栈道、诸葛亮等，这些历史事件及人物形象栩栩如生地展现在世人面前，犹如一幅波澜壮阔的历史画卷，拉近了现代与历史的距离。游客在参观时，思绪穿梭于千年的时空之间，仿佛回到了当年人类改造自然及古战场的血雨腥风、斗智斗勇的豪迈气魄中。

4.在服务区充分挖掘并展示当地的风土人情

在高速公路服务区的设计中，建筑师可以根据自己的创作意图，正确把握当地的风俗、礼节、习惯等风土人情，考虑当地特色的建筑样式，以便在历史传统中去寻找并挖掘建筑的原型与意义。设计时，要充分借鉴传统的设计哲学、空间布局特点、富有地方传统意味的形式等进行再创作。一些地区就把当地的特色产品引入到服务区中来，如宁杭高速的天目湖服务区位于江苏省南部的溧阳市，有江南历史名城之称。依据当地中国有名的茶文化及与茶有关的特产紫砂壶，设计出了一把紫砂壶雕塑悬于空中，水源源不断地从壶嘴流出来，却看不到任何进水的地方，感觉好像神话里的神物一样，壶里有取之不尽的水。一把巨型紫砂壶雕塑的玄机就在壶嘴流出的水流中，里面藏着一根钢柱来支撑整个壶的重量，但从外表看不到任何支撑和吊装的东西。其寓意是"天壶天福、天宫赐福、水从天注"。壶里的水日月不息地流出，它代表着茶资源"取之不尽，用之不竭"，体现了"客来奉茶，以茶会友"的传统文化精神，象征着茶文化的源远流长。建筑师把当地的特色产品引入到服务区中来，展示了当地丰富的陶文化和茶文化，给乘客留下了深刻的印象。

第三节　历史文化在景观设计中的延续

一、景观设计中历史文化表达与传承的必要性及意义

（一）必要性

随着经济的全球化发展，景观作为艺术文化的载体，深受其影响。各个国家和地区成功的景观设计理论和技术成果成为全球的共同财富，供大家学习研究，促使景观设计不断前行。可是另一方面带来的结果是各国所独有的文化特色景观却被相同的景观模式所代替，不少设计师盲目崇拜西方景观，盲目地复制，景观的地域文化特色开始缺失，城市之间变得趋同化，历史与文化被抛弃，因此景观设计必须根植于自己的土壤之中，在景观设计中必须基于历史文化，吸收、运用新的设计语言，使之相互融合，建立一个"和而不同"的社会环境。张锦秋大师在《大唐芙蓉园》中曾讲到："传统建筑的继承与发展方面，也应因地，因题而异，并无规定。总括来说，主张传统（民族的，传统的）与现代有机结合。在传统方面侧重于环境、意境和尺度。在现代方面，侧重于功能，材料和技术。"❶这也表明对于传统文化及对其的继承、发展的重视。我国历史悠久，地域文化特色鲜明，各城市的自然环境、建筑

---

❶ 张锦秋，大唐芙蓉园 [M]. 北京：中国建筑工业出版社，2006.

风格等的发展和演变，造就了不同特色的历史文化。因此，对于历史文化不能仅仅停留在对其表面的理解，我们在深刻理解历史文化的同时，还需要融入当今的文化元素，这样同时具有历史文化脉络和现代语言的景观才能真正走进我们的生活并唤起我们的记忆，从而升华为更高一级的文化形式。

（二）意义

景观设计作为建立在环境艺术设计概念基础上的艺术设计门类，涉及自然生态环境、人工建筑环境、人文社会环境等各个领域，是一个综合性很强的公共环境设计系统。在景观设计中，历史文化是客观的物质世界与人类精神世界相联系的一条纽带。由于不同的人文环境、社会环境、地理环境等因素，其地域创造和延续下的历史文化也是不同的，所以历史文化具有地域性、历史性、民族性等特点。但不同类型的景观设计都需要注重历史、自然和人的和谐统一。

1.凸显本土特色——唤起回忆

在景观设计前，通过对当地历史文化的深度挖掘，从历史的风貌中提取语言、符号为当地人营造出具有亲切感的空间氛围。当市民或游客来到时，可以唤起多年前的记忆，让人们在不经意间流露出对传统历史文化的思索。

2.增加景观所在地认知度——带动经济

具有传统历史文化内涵的景观设计，不仅继承了地域的传统文化特色，还被赋予了生命力。在钢筋混凝土森林中，这样有着灵动生命力的空间，毫无疑问地将成为现代人寻根、寻梦的场所，自然为城市的经济、旅游的发展加上重重的一笔。

3.提高大众的舒适感——提升空间品质

随着现代化城市的不断发展，越来越多的高楼大厦正在一步步侵占我们原本狭小的城市空间。在城市中的人们想拥有健康、自然、舒适的环境，已经慢慢成了奢望。因此，在景观环境设计中更加注重"以人为本"的设计理念，在景观设计中融入历史文化，可以还原最有亲和力的生活尺度。

二、实例分析——安徽琅琊山旅游区景观设计

（一）项目地概况

琅琊山旅游区地处滁州市西南，旅游区涵盖范围内现有古寺庙、古建筑、古文化遗址、古战场、古城门、古驿道、古关隘、古泉址、古城址、古字碑、古山寨、古墓、古佛塔等遗址遗迹。具有代表性的古建筑有无梁殿、琅琊寺、龙隐寺、醉翁亭、丰乐亭、欧阳修纪念馆、普贤庵、汉高祖庙、琅琊王庙、龙蟠寺、龙华寺、柏子龙潭庙等；古道有清流关古驿道、琅琊古道；古战场有琅琊山寨古战场，古字碑

有欧文苏字二绝碑、唐代摩崖碑、吴道子观音画像碑、金刚经塔铭碑等历史文化景观，种类多样且丰富。

该地区滁州民俗风情独特。民俗风情人文资源包括民间艺术、民间音乐、民间器乐曲、民间舞蹈、民间特色小吃、民间节日庆典等。滁州民间器乐曲演奏柔和婉转、轻盈流畅；锣鼓演奏多在节日、庙会、灯会或祭神、祈祷时演奏，也有晚间作为娱乐而演奏的；滁州市的民间舞蹈主要有狮子灯、秧歌灯、花鼓灯、双条鼓等；滁州民间美术也各有特色。

同时，旅游区内土地类型多样，耕地、园地、林地、坡地、水面覆盖地表。粮食作物用地、经济作物用地、蔬菜地呈现较好的层次搭配，林地中水土保持林地和苗圃占有相当比重。在琅琊山旅游区内，土地类型随自然景观天然成块分割，体现出耕地、草地、居民点占地（村落）、水域的交错景观，土地可利用面积与类型丰富。

（二）旅游区历史文化景观设计

在琅琊山旅游区中，针对本区丰富的历史文化景观资源，开发了醉翁亭景区、清流关景区和普贤庵景区（见表8-2）。

表8-2 琅琊山旅游区历史文化景观项目

一级分区	二级分区	项目设置
醉翁亭景区	醉翁亭景区	薜萝径、松桧林、澄霄谷、疏林苑、野鸟林、溪云台、寒溪桥、醉意酒家群落、琅琊民风苑、同醉亭、具瞻楼、醴泉、白鸽洞
	丰乐亭景区	醒心亭、阳明祠、汉高祖庙、柏子潭、双燕洞
	琅琊寺景区	八方亭、涵泉、了了堂、梅亭、望月台、洗笔台、照壁、净土十六观、五百罗汉堂、寮房和禅房、请宝堂、启德馆、舒泰斋、浮屠塔林、七宝广场、七宝楼阁
清流关景区	四古情景体验区	古战场体验区（点兵场、练兵场、对战场、布阵场）、古寨情景体验基地、军旅古道长街、影视拍摄基地、四古文化展演区
	清流四景印象区	古迹春晓观景长廊、清泉古井养生别院、中秋望月观景台、清流瑞雪民俗展演区
	休闲游憩区	清流古镇、旅游地产预留区、养马场、古茶坊、古酒坊、马帮驿站、清流文化博物馆

一级分区	二级分区	项目设置
普贤庵景区	上善湖滨水疗养区	若水苑、玄德广场、忘忧谷——道家养生主题度假村
	上茗宜品茶论道休闲区	长生园——道家茶文化主题园

第四节　社会经济生活在景观设计中的创新

一、设计的独创性：创造景观的未来价值

（一）未来旅游业

景观是人类赖以生存的土地的一部分，美好的景观成为人们的向往之地，是旅游的基本元素。未来，景观将越来越多地与旅游密不可分，景观正在成为未来旅游业的核心价值增长点。

在当代，人们旅游就是享受景观、消费景观。正是旅游地的景观，使游客们沉浸在有别于生活常态的氛围中，满足他们的期望，放松他们的身心，因此旅游地必须保持独特持久的吸引力。据世界旅游组织预测，中国到 2020 年将成为世界第四大旅游出境国和第一大旅游入境国。旺盛的旅游需求和日趋成熟的游客使得旅游市场细分化，旅游方式的多元化、旅游地产化成为旅游发展的新趋势。如何为见多识广的游客提供高品质的旅游产品？答案仍然离不开景观。

1.市场细分化与个性地域景观

现代旅游业已经出现了市场细分化趋势，根据人们的需求，组织各具特色的旅游产品。除传统的自然观光游外，民族风情游、历史文化旅游、都市体验游等旅游需求受到市场的欢迎，休闲养生游、中华名校游、购物休闲游等新兴的旅游形式也日益受到关注。未来这种趋势必将成为旅游发展的主力军。而这些细分的旅游产品打造，首先要在旅游地景观的保护和开发上注入个性的特色，创造自己的品牌。

突出地域特色是个性化旅游景观塑造的一种重要方式。桂林山水与张家界的风景不同，山城重庆与人间天堂的杭州在生活方式、文化习俗方面存在差异。或旖旎秀丽，或雄奇险峻，或粗犷豪迈，或精致细腻，不同景观给人带来不同的享受，互相之间是能替代的。在旅游市场细分化的趋势下，旅游景观设计要求根据所在地的

自然气候条件，充分利用当地得天独厚的植物、地形等资源，结合特殊的人文资源，创造具有当地特色的旅游景观，从而实现人们"换个环境"的旅游目的。

在海南国际旅游岛的建设中，独树一帜的热带景观为当地旅游业的发展作出了巨大贡献。在近年来受到广泛赞誉的呀诺达热带雨林景区，棕榈科植物以其别具特色的茎秆和叶形被摆放在重要景观节点上，木本花卉及花灌木作中层植物，再配以色彩艳丽的地被植物，组织成特定的景观空间。热带植物与园林建筑中的山、水、石、桥、庭、台、楼、阁相互搭配，相映生辉。为了让游客深度探索热带雨林景观，景区内营造了4.6公里长的生态栈道，最大限度地减少了对环境的破坏，又能将海南热带雨林的精华以最原始、最自然、最和谐、最清晰的方式呈现在游人面前。

2. 形式多元化与精致景观

由于旅游已经成为一种常见的生活组成部分，越来越多的游客已不满足于在各个旅游点之间长途跋涉、疲于奔命的旅游方式。人们从传统的追求开阔眼界、增长见识逐渐转向更高端的体验式旅游、探险旅游、休闲度假游、疗养健康游。对于某些值得细细品味的旅游地，人们会不满足一次短暂的停留，可能一去再去。未来的旅游业发展不仅要以优美的风景吸引人，而且将以精细的景观留住人。

对于养生度假型旅游，游客希望不但有优美的自然景观，更对养生住所、度假酒店的景观环境和条件有极高的要求。景观设计师通常将外围的自然美景引入酒店，通过生态化、艺术化的设计手法表现精致个性的内部景观。各种高端或极高端的餐饮、养生，休闲娱乐服务更是不可缺少，游客在这里享受自然天成的旅游度假时光，更纯粹、更好的悠闲慢节奏生活，同时这些产业也因此具有了完善的配套功能和投资价值。

体验型旅游景观注重精致景观与活动体验的结合。旅游者渴求亲身体验当地人民的生活，直接感受特色民族文化风情，景观应与当地丰富的特色文化活动、生活方式相结合，让游客游娱结合，从景观互动体验中获得身心的极大放松和愉悦旅游。

哈尔滨亚布力风车山庄是世界十大滑雪旅游地之一，其精致的景观不仅体现在充分挖掘当地独有资源，建设了极具北国特色的冰雪世界景观，更体现在配置高档酒店、会议中心等服务设施，注重细节设计，使亚布力由默默无闻变成了中国的"达沃斯"。

3. 主题旅游与主题景观

旅游是一种文化产业，近年来，主题性旅游逐渐成为重要的旅游形式，主题性旅游围绕某一主题营造梦幻新奇的环境，文化内涵是其价值和灵魂所在，而这种文化性主要通过景观体现出来。

迪士尼乐园是主题旅游最典型的代表。设计师运用极其丰富的景观手段营造了万花筒般奇妙的世界，是迪士尼旅游成功的关键。梦幻乐园的入口标志景观是法国式和巴伐利亚式的城堡，建筑轮廓高耸、优美、丰富，成为迪士尼乐园的象征；冒险乐园则是由非洲部落的泥草房、树屋、洞穴等组成的原始环境，景观风格粗朴；未来乐园采用的多是一些极具现代感的形象，如宇宙山、火箭、潜艇、高速列车等。通过对各主题区进行特殊的景观设计和活动设计，使每个主题区都营造出一种独特的气氛，再通过整体的形象设计和协调，使各主题区又有机地融为一体，实现了迪士尼本人所设想的"万花筒式"的奇妙娱乐形式，反映捉摸不定的智力，呈现一个合乎逻辑的人工世界。

北京的798创意街区、上海的田子坊则以独特的景观与艺术的结合深深吸引着国内外游客和艺术爱好者。艺术家们将错落的工业厂房、斑驳的石库门稍作修饰，改建成了时尚地标性的创意产业聚集地。每一个露天咖啡座，每一家工作室都极力展示着属于自己独有的风格。创意景观让原来的废墟充满了时尚和艺术的光芒，华丽变身为新兴的艺术主题旅游地。

景观是旅游业发展的物质载体，承载着人们摆脱日常生活，追求身心健康、精神自由的美好愿望。可以预见，整合优美自然风景和丰富人文资源的个性地域化、精致化、主题化景观设计是未来旅游业蓬勃发展的基础和希望。

（二）未来地产业

"人，诗意地栖居。"对美好生活的追求，是人类社会发展的根本动力源泉。

从福利分房时期，面对兵营式居住区均匀排布的住房，人们看中房屋面积、楼层高度，从未考虑景观质量；到房地产市场化初期，人们开始关注小区的绿地面积是否达标。时至今日，人们的居住价值观发生了巨大变化，追求高质量、健康、舒适、个性化的住区品质已然成为人们重要的价值取向。作为楼盘外环境的物质载体，景观承担了打造美景、烘托家园氛围和生态保健的多重功能，万科、龙湖、星河湾等一个又一个景观楼盘的成功，不断证明着高品质楼盘景观对房地产业发展的重要作用。

近年来，政府对房地产开发调控力度加大，人们购房也日趋谨慎，造成了地产行业竞争加剧。虽然经营理念方式发生了变化，但房地产业竞争的核心仍然是谁能提升产品品质、谁能迎合大众心理，谁就能在未来的房地产市场竞争中立于不败之地。房地产业正向着精品化、规模化、绿色低碳化方向发展。景观将在未来地产业发展中扮演越来越重要的角色，成为楼盘品质提升的有力保证、地产开发投资获利的重要手段。

1.景观与精品楼盘

精品楼盘必然需要精品的景观环境。精品楼盘体现主题定位的主题化、情景化。

买房就是买生活。与传统相比，现代的楼盘越来越强调为顾客创造一种新的生活方式，希望通过营造一种美好的居住氛围，让人身临其境，犹如置身世外桃源。这样，情景主题楼盘应运而生。打造情景主题楼盘的核心即运用各种景观元素围绕一个特定主题进行景观塑造。景观之于情景主题楼盘，无异于砖瓦水泥之于建筑，不同的景观设计手法、不同材质的景观小品、不同形态的植物决定了情景主题的表达。

房地产与艺术、体育、旅游等不同产业的结合，催生了各种主题地产的发展。奥林匹克花园系列地产以宣传奥运精神，推广体育健康为主题，卡拉扬系列地产瞄准了音乐艺术，深圳华侨城欢乐谷从旅游文化拓展到居住。然而，不论如何定位，独特细致的景观都是做好主题地产的关键，如西安奥林匹克花园，在"运动无处不在"的理念下，以风景追随运动场地、以自然迎送运动设施，分化出雅典神韵、关中古风、民间康体、现代竞技等六大体育文化景观轴，悠久的民间景观、异域的美学珍品与不同时代的运动场景互相辉映。全方位人性化的主题景观设计将体育精神和健康生活的理念融入了地产的血脉。

高端的景物需要精细化的景观设计施工来保障。道路和硬质铺装精心设计施工，精益求精的细部设计及工程施工标准，特殊的植物栽植技术，不仅保证了景观小品的质量，而且大大提升了景观艺术的表现力和感染力，对楼盘品位的提升具有重要作用。行业翘楚星河湾地产正是因其追求完美的细节、令人惊叹的园林景观和特色的规划设计，实现了每个楼盘的高品质标准，在行业中获得了上佳的口碑，赢得了消费者的青睐。

可以说，正是对独一无二、与众不同的精品景观的不懈追求，才提升了精品楼盘的品质与档次。

2.景观与住区规模化

近年来，随着城市化进程的加快及大品牌房企的大规模买地，住区规模化趋势成为众人关注的焦点。住区规模化即在市郊或郊区以造城的方式，让住区与城市共同成长发展，将最新、最完善的城市规划和景观营造应用在新城建设中，重点发展以商住、办公、服务等为主体的现代综合服务业。住区新城化建设在带动地区发展的同时，也极大地改善了该区域居民的生活质量水平。住区景观作为住区新城的一种效益来源，是住区新城化模式成功的关键。

深圳华侨城的开发创造了著名的"华侨城模式"。首先提出在"花园中建城市"

的理念，高起点地打造新城景观，走出了一条"以文化营造环境，以环境创造效益"的可持续发展的新路子。

3. 景观与生态低碳

"出则繁华，入则自然"是每一个都市人的居住梦想，以生态环保为主题的地产正是载着这样的居住梦想应运而生的。以绿色植物为主体的生态景观将继续在生态低碳理念的楼盘中扮演着重要角色。

生态景观的绿化量大，绿化品种丰富，景观优美宜人，生态效益显著。与硬质景观相比，成本投入少，却能产生"城市山林"般的效果。人们在自家阳台就可以观望到青山绿水，呼吸到新鲜的空气，享受到与自然的零距离接触，极大地满足了追求健康和高尚生活的内心需求。

除了传统的高绿地率，让生态低碳景观融入生活也成为地产发展的新方向。低碳，意指较低（更低）的温室气体（二氧化碳为主）排放。低碳生活不仅是每个公民的社会责任，同时也是舒适健康人居环境的保障。过去许多开发商追求大而洋的人工水景、大而无挡的草坪，不仅不能创造舒适的居住环境，更重要的是消耗了大量的自然资源。目前，国际上比较成功的低碳社区，在景观中采用高固碳植物群落构建、生态水景、屋顶花园、立体绿化、生态铺装材料等技术，在强化住区固碳能力的同时，创造优美的居住景观。自2004年以来，万科开发出一系列绿色示范项目，创造了景观与生态低碳的完美结合。万科朗润园综合采用了外墙保温、屋顶绿化、自平衡式通风系统等26项生态技术，从小区和室内的水、声、光、热等多角度创造立体生态环境。万科东丽湖的规划积极利用地域的生态资源，进行生态水景设计。利用水体、湿地和野生动植物组成综合生态景观，将居住与自然和谐结合，创造具有融入性和亲和性的自然居住环境。生态低碳技术正以景观的形式越来越多地融入人们的住区。追求更好的外部环境，更具特色的居住氛围将是未来地产业发展的目标。

作为楼盘外环境的物质载体，景观承担了打造美景、烘托家园氛围和生态保健的多重功能，可以预见，景观将在未来地产业发展中扮演越来越重要的角色，成为楼盘品质提升的有力保证与地产开发投资获利的重要手段。

二、景观设计的外部经济性：创造与景观相关的经济价值

（一）城市绿地的经济学属性——外部正效应

绿地能够提高人们的精神层次，产生社会交流的空间，构成一个充分的娱乐媒体，并且可以改善城市总体的美学形象，在美学、社会和生态上的作用毋庸置疑。

在经济层面，城市绿地的价值正在逐渐被人们所认知：城市绿地具有的独特的外部经济效应，能产生巨大的经济价值。

公共物品（准公共物品）对社会其他成员产生效应（带来利益或造成损害），但是自身又没有根据这种效应去从社会其他成员获得相应报酬或承担相应损失，即外部效应。其中，有利的外部效应称为外部正效应，有害的则称为外部负效应。众所周知，作为一种典型的准公共物品，城市绿地的建设会带来环境质量的极大改善和周边房地产的迅速升值，绿地的环境效益既为其所有者享用，亦为其他的人所享用，其他人享用这部分效益的时候无须支付费用，这是公共绿地外部正效应最明显的体现。

城市绿化的外部正效应具有巨大的经济价值，体现在社会经济和人民生活的各个方面。首先是提高了环境质量，提升了地区的物业价值，改善了居住条件，造福人民；拉动了房地产市场、金融市场、装修市场、建材市场、劳动力市场、搬运市场等。除了投资者直接受益以外，对社会经济的拉动作用也是很大的，只要进行综合核算，其经济效益将大大超过投资额。在上海市，随着大型绿地的建成，周边的楼盘成为市民追逐的热销产品，房价急剧上涨，原来一些空置的写字楼租借率也达到90%以上。

（二）城市绿地外部正效应的受益群体分析

城市绿地的外部正效应主要反映为以下几种形式：周边环境质量提高，地价、房价升值，商业营业额上升，政府税收增加。相应的受益群体分别是：居民、房地产商和其他各类商家及政府。

1. 居民

城市绿地的首要功能就是为周边居民提供一个满足休闲娱乐和有益于身体健康的绿色活动场所，服务市民，为市民所使用。生活在钢筋水泥森林里的城市居民与自然隔绝，他们渴望接触自然，回归自然。城市绿地不但让观赏自然成为可能，还能让人们在自然的环境中自由享受和煦的阳光、新鲜的空气和满眼的绿色，使人们身心得到放松，精神得到愉悦。

城市绿地形式多样，类型丰富，满足人们游憩休闲的各种需求。儿童在社区公园里嬉戏，老年人在邻里绿地里闲谈，城市中心绿地、城郊森林公园等则多被高收入群体和成年人所使用。不同年龄的人群都能从中得到适合的使用场所。

清新的空气、优美的自然景观、丰富的休闲设施，人们越来越认识到，良好的生活环境离不开城市绿地的贡献，高品质的生活与城市绿地息息相关。

2.房地产商和其他各类商家

现代都市人追求返璞归真的理想居住环境，"公园地产""景观楼盘"等地产开发模式应运而生。一时间，大型城市绿地附近房地产升值，房地产的主要经营者——房地产商从中获得了巨大的利益。

城市绿地景观优美、休闲健身条件齐备、交通便捷、生态效应强大，具有一般居住区绿地无法比拟的先天优势，绿地周边地块成了地产开发的黄金宝地。

3.政府

绿地协调了人与自然、社会的关系，对保障城市可持续发展起着至关重要的作用。

城市绿地容纳自然、野生生物，保障自然系统中物质、能量的有序流动，构建了满足城市居民和城市发展需求的生态环境基础。

城市绿地保护场地历史文化的资源，为不同文化的人群提供运动和娱乐场所，促进社区的文化认同感和安全感，促进人们安居乐业，表现出强大的社会融合能力。

城市绿地营造了良好的城市经济发展环境，对经济发展和城市竞争力的提升具有巨大作用。优美的城市景观带动地区商业、房地产、旅游业、展览业等第三产业的快速发展。高质量的生态环境可以提高城市的知名度，带动整个城市的有形和无形资产增值，有利于吸引外资；形成对周边地区的聚集和辐射能力，促进区域经济的发展。

从政府的宏观角度来看，绿地是城市基础设施的一个重要组成部分，有力地促进了城市整体的繁荣和发展。

（三）城市绿地外部效应的内部利益平衡

城市绿地是城市的重要基础设施，也是一个有生命的系统，不仅需要大量一次性的建设资金，还需要长期维持、养护的投入，于是如何保证城市绿地的外部正效益的可持续发挥，即如何筹措建设维护资金成为城市绿地建设的核心问题。尤其在现在，为了让公众更好地享受城市建设和发展的成果，越来越多的城市公园开始免收门票，而这一举措也势必会加重政府的财政负担，使城市绿地建设的资金问题显得更加突出。

由于城市绿地是一种典型的准公共物品，具有显著的外部经济效应。虽然受益群体众多，但绿地自身无法根据其对社会的贡献，从受益群体中获得相应报酬。公众作为纳税者，享受城市绿化的环境效益合情合理。但是对房地产开发商来说，在享受绿地带来的周边房地产增值，餐饮、百货等商业营业额增加等的同时不需要付出任何代价，实际上是占用了社会的公共环境资源，城市绿地外部效应存在着内部利益的不平衡。在我国目前经济不够发达、政府财力有限的情况下，单纯靠政府的财政支持，很难实现城市绿地的良性循环。因此，急需政府采取一定的政策，将房地产开发商的开发利益的一部分还原于绿地建设，使公共投资达到公共利润最大化。

为了鼓励公共空间和绿地建设，纽约市通过了一项具有激励性质的区划制度。如果开发商在它的地块内设置诸如广场、连拱廊、院落等公共空间的话，作为回报，该城市将向开发商提供额外的建筑面积指标。并且，这些公共空间必须便于公众到达和使用，而且还要按照分区法规所规定的特征进行设计。这种新的公共空间仍然属于开发商或业主的私有财产，但是却允许公众进入并使用。❶除了以上税收和鼓励房地产商来投资兴建公共绿地以外，通过制定政策，由房地产商将额外收益用之于公共物品的建设，建立城市绿地建设管理基金，发行绿地建设债券等方式，也是解决城市绿地外部效益问题和受益群体受益负担失衡的有效途径。

三、建设成本上的经济性：易于施工与控制成本的景观设计

（一）易于施工的景观设计

在如今的园林绿地中，尺度宏大的广场、修剪规整的树木和草坪随处可见；大规模的堆山挖池层出不穷；原有的植被被破坏，替代的是从各地长途移植来的古树名木；草坪间充斥着各种园林建筑小品、精致的花坛，更有造型各异、配有音乐灯光的雕塑和喷泉，极尽绚丽与奢华。而事实上，这些看似大气、精美的景观要耗费大量人力物力来塑造地形、改良土壤、移植树木，既不符合景观基本价值，又大大增加了施工难度和建设成本。如何改变这种不可持续的景观发展趋势？有必要首先从景观设计阶段做起，抛弃不计成本的过度设计，创造易于施工的景观方案。

1. 避免大规模地形改造，保持地形地貌的完整性

园林绿化建设往往需要塑造地形，那些为了特定视觉效果而堆山挖湖，不仅建设成本巨大，还对场地生态造成极大威胁。对于这种情况，设计师应从方案设计入手，通过利用场地原有地形，因地制宜地设计山水构架，避免大规模的地形改造。可以尽量采用微地形，或综合运用植物等景观要素扩大视觉高差，或者少用客土，尽量做到土方就地平衡，这样既可以降低施工难度，又可以节省土方、材料运输等产生的建设成本。

---

❶ 安德烈斯·巴尔加斯·弗洛雷斯，沃尔多·蒙特西诺斯·布斯塔曼特，亚历·戈多伊·方德斯，李春青.住宅环境的价值——智利圣地亚哥的绿地引入策略（节译）[J].中国园林，2010, 26(08): 13-17.

2. 自然式植物配置，减少大树移栽

大规格苗木株型优美、绿量充足，因其立竿见影的景观塑造效果而在景观绿地中大规模使用。大规格苗木的种植，通常要从农村或山区移栽进城市，城市的气候、温度、湿度、土壤等环境条件与农场或山区差别很大，加之长途运输中的损伤，大树移栽后一般很难适应新环境。整个移植过程需要投入大量的人力、物力、财力，且稍有不慎便很难成活，造成的损失更是无法估量。创造易于施工的景观，应在植物设计阶段控制大规格苗木的使用，通过巧妙配置乡土植物，增加复层结构，配合速生慢生植物的组合，使园中植物呈现出自然的美妙景致。

（二）就地取材

近年来，城市园林建设中高档石材和木材的使用率呈直线上升的趋势。一些设计师错误地认为是否使用昂贵的建设材料是评价一个园林绿化作品好坏的标准之一，而抛弃了实用、经济和美观的原则，放弃使用体现本地特色的材料，从而造成不必要的资源浪费。如一些风景园林师将防腐木作为所谓生态化设计手段，大量使用木质栈道、木质平台、木质花池等，但由于北方的气候条件、管理等方面的原因，这些木材在风吹日晒雨淋中"一年新，二年旧，三年就成废木料"，不但造成了对珍贵的自然生物资源的浪费，而且增加了建设维护成本。

现代园林应重视乡土材料的应用，从景观效果和社会效益来看，就地取材有利于延续历史文脉，突出园林的地方风格，可以避免"南桔北枳"的情况的发生，同时满足生态化设计要求。从经济角度来看，乡土材料适应强、成本低，在园林建设中大量使用可以降低材料的运输成本、长途运输的损耗成本。

东方园林建设素来讲究因地制宜，不同地方的自然环境因素差别很大，在园林设计中，设计师应注重就地取材，凭借对园林艺术和材料特性的深刻理解，充分挖掘乡土材料应用的新手法，不失为节材和创新的重要途径。

（三）废弃土地和材料的资源化再利用

在自然系统中，物质和能量流动是一个由"源——消费中心——汇"构成的、头尾相接的闭合循环流，因此大自然没有废物。在现代城市生态系统中，流动过程是单向的、不闭合的。因此在人们消费和生产的同时，产生了垃圾和废物。在当前的城市化背景下，垃圾即是放错地方的资源。园林设计师应秉承可持续发展的理念，一方面尽可能减少天然木材、石材等自然资源的使用，降低对自然的开发破坏；另一方面，对已使用的材料，要最大限度地资源化再利用，这样不但有利于营造独特景观，更能降低造园成本。

园林建设中的废弃材料分为两大类：一是建设场地内遗留的各种材料，如工厂改造后留下的金属构架、锅炉、砖瓦等；另一种是被其他行业认为无用的各种材料，如汽车轮胎、玻璃晶体等。场地更新遗留下来的废弃物带有鲜明的时代烙印和场地精神，设计者应充分挖掘其特性，营造富有纪念性和生命力的作品，同时达到减少成本、节材节能的目的。对于其他行业的无用之才，可以通过特定的技术和艺术手段，将其化废为宝，作为建筑材料或园林绿化的生物肥料使用，营造造价低廉、生态环保的园林景观。

（四）新能源的应用

近年来，各地大型城市广场、大型音乐喷泉、景观大道等形象工程屡禁不止，园林绿化建设和运营中的能源消耗比重不断增加。以景观照明为例，大量花哨的景观灯应用于广场、公园中，不是用来衬托园林中的景物，而仅仅是为了追求奢华新奇的景观或亮如白昼的夜景效果，浪费了巨大的能源。因此，园林绿化建设中能源消耗问题越来越突出。据科学研究，景观建设和维护中的能源消耗约占总景观成本的一大部分，煤炭石油等化石能源具有不可再生性，未来的绿色景观发展必须要走一条新能源发展之路。

让绿色环保、取之不尽用之不竭的风能、太阳能、生物能等可再生能源取代石油、煤炭等不可再生能源来解决园林的照明、动力等问题，不仅安全清洁，更能节省能源成本，从长远来看具有巨大的经济效益。如太阳能灯，不必添加任何燃料，能够完全利用太阳光及风力转换成电能的零污染能源，适用于任何地区，且能根据地形、建筑、景观设计更为适合的节能照明系统，并可以自动定时控制，其一体化设计易于维护，故障率低。使用风力发电和太阳能发电及一体化的公共艺术型路灯，即使在风弱的市区（平均风速 3m/s）也能设置。

四、管理成本上的经济性：易于养护的景观设计

城市景观是一项有生命的工程，除了一次性的建设投入以外，长期的维护管理也是景观成本中重要的组成部分。"三分建，七分养"，养护质量的好坏决定了景观是否能长期保持美观，为公众服务。不考虑维护问题的城市绿化工程，无论建成时有多么美丽动人，也不是一项可持续的工程，因此，营造易于养护的景观十分必要。

（一）植物配置的合理性

在景观设计阶段，设计者应该将设计构思与场地的自然气候条件结合起来考虑，不能盲目照搬，作出违反自然规律的设计。尤其是植物设计，应将设计、施工和养护紧密结合，重点考虑长期养护的成本，营造可持续的自然景观。

近年来，近自然植物配置法，用疏林草地取代大面积草坪，以复合种植代替纯

林，以宿根花卉代替一年生草花，以自然式种植代替模纹花坛，以合理种植密度代替密植等，强调植物群落配置的科学性、合理性，使其能够自我维护，这样可以节约灌溉用水、少用或不用化肥和除草剂，大大减少了后期维护的人力和物力成本，实现景观管理成本的经济性。

（二）园林材料和设施的耐久性

园林材料设施的耐久性和可修复性可以减少设施的更换，从而降低成本。

铺地材料是园林景观中除绿地以外，面积最大、使用率最高的景观元素。从早期的木材、石材砖、陶瓷，到今天琳琅满目的人造石、水晶砖等，可以说，铺装材料从数量到质量都有了飞跃的发展。但从经济成本和景观质量上来说，除了美观以外，铺装材料最重要的特性莫过于耐久性。坚固耐磨，容易替换，而又对环境无害的材料才称得上是真正的优质材料。随着科技的发展，各类陶瓷类、高分子地面材料不断出现，其生产、施工、维护方便，重量轻、强度高、耐水防腐、不易变形开裂等特点成为园林景观铺地的理想材料。

水景是园林绿地中不可缺少的景观，不但具有优美的视觉效果，还能有效改善微气候，带给人自然的享受。然而有些设计师过于追求水景的景观作用，不论大江南北温湿条件，不论基地水资源条件如何，一味追求规模庞大的人工瀑布、形式复杂的喷泉、面积广阔的人工湖，造成一些水景建成之后，因无力承担昂贵的维护费用而不得不停开瀑布喷泉，甚至由于支付不起水费而使水池成了一片旱地。

可持续的水景应在合理评估自然和水资源状况、运行费用等经济因素的基础上，因地制宜建设水景，才能营造长期高质量的景观环境，维护场地的生态平衡。在寒冷干旱地区，或不具备自然水体的场地，水景的建造应该坚持"小而精""点线面结合""旱湿两用"。即使在自然条件适宜、水资源充沛的地区，也应从生态环保、节约资源的角度出发，尽量多地采用自然生态的手法，避免过多采用一次性、永久性的施工措施，保持水景观的可持续性。

（三）生态养护

以植物为主体的园林景观不同于一般的工程建设，可以说是始于设计，重在施工，成于养护。设计和建设施工的完成只能保证景观竣工时的状态，要使景观保持良好的观赏效果，使植物和其他环境要素长久维持最佳状态，必须通过长期的精心养护来实现。所谓"三分栽植，七分管理"也就是指高效率的管理和科学的养护对巩固和提高景观品质的重要性。从经济角度来说，养护对景观管理成本的意义同样巨大。

1.生态病虫害防治

植物养护与植物病虫防治分不开，面对目前园林种植中过量施药，对环境造成危害等问题，各种环保型病虫害生物综合控制技术已经在园林中得到了应用，如利用物理方法、生物制剂对绿化有害生物进行无公害防治，能够有效杀灭病虫害，又减少了对环境的污染，同时还能减少园林养护的人力物力成本，达到了一般养护无法达到的预期效果。

2. 有机覆盖材料

生态养护需要生态覆盖材料。有机覆盖物是国外许多发达国家城市绿地覆盖中应用相当普遍的一类生态材料。这类有机覆盖物由树皮、树枝粉碎物等绿化废弃物加工而成，具有保水节水、防止水土流失、增加土壤有机质等作用，具有极好的生态效益，节约养护成本。

3. 数控喷灌系统

除了有机和生物手段外，先进的数控技术也逐渐应用于生态养护之中，例如，能根据预设程序自动灌溉的园林喷 / 滴灌系统的经济性和生态性已经逐渐受到人们的关注。园林喷 / 滴灌系统的优势在于精确灌溉。据科学研究，它能减少粗放灌溉，比粗放人工灌溉节水 30% ~ 50%；能避免人工灌溉造成的灌溉过量或不足的问题；并且无须人工参与灌溉，节约了管理成本。

随着生态养护的日趋受到重视，已有更多生态养护技术应用于景观维护中，为城市景观的美化和经济、环境的可持续发展作出了巨大贡献。

参考文献

[1]　俞孔坚.论景观概念及其研究的发展 [J].北京林业大学学报,1987(04): 433–439.

[2]　俞孔坚.景观的含义 [J].时代建筑,2002(01): 14–17.

[3]　(美)怀特.文化科学——人和文明的研究 [M].曹锦清等,译.杭州:浙江人民出版社, 1988.

[4]　周大鸣.文化人类学概论 [M].广州:中山大学出版社,2009.

[5]　李剑鸣.美国印第安人保留地制度的形成与作用 [J].历史研究,1993(02): 159–174.

[6]　俞孔坚.景观:文化、生态与感知 [M].北京:科学出版社,1998.

[7]　杨锐.从游客环境容量到 LAC 理论——环境容量概念的新发展 [J].旅游学刊, 2003(05): 62–65.

[8]　丁新权.江西省风景名胜区保护管理理论与实践研究 [D].南京:南京林业大学, 2004.

[9]　蔡立力.我国风景名胜区规划和管理的问题与对策 [J].城市规划,2004(10): 74–80.

[10]　王鹏飞.文化地理学 [M].北京:首都师范大学出版社,2012.

[11]　中国大百科全书总编辑委员会《地理学》编辑委员会,中国大百科全书出版社编辑部.中国大百科全书·地理学 [M].北京:中国大百科全书出版社,1990.

[12]　吴传钧.人文地理研究 [M].南京:江苏教育出版社,1989.

[13]　(美)西蒙兹(Simonds, J.O.).大地景观——环境规划指南 [M].程里尧,译.北京:中国建筑工业出版社,1990.

[14]　(美)墨菲.文化与社会人类学引论 [M].王卓君,译.北京:商务印书馆,2009.

[15]　周蔚,徐克谦.人类文化启示录:20 世纪文化人类学的理论与成果 [M].上海:学林出版社,1999.

[16]　(德)施本格勒(Spenglar, O.).西方的没落 [M].花永年,译.杭州:浙江人民出版社, 1989.

[17]　(美)刘易斯·芒福德.城市发展史:起源、演变和前景 [M].倪文彦,宋俊岭,译.北京:中国建筑工业出版社,1989.

[18]　(意)布鲁诺·赛维(Bruno Zevi).建筑空间论——如何品评建筑 [M].张似赞,译.北京:中国建筑工业出版社,2006.

[19] 朱光潜 . 西方美学史 [M]. 南京 : 江苏文艺出版社 , 2008.

[20] (挪威)诺伯格·舒尔兹 . 存在空间建筑 [M]. 尹培桐 , 译 . 北京 : 中国建筑工业出版社 , 1990.

[21] (美)文丘里 . 建筑的复杂性与矛盾性 [M]. 北京 : 知识产权出版社 , 2006.

[22] 黑川纪章 . 当代世界建筑经典精选 (10)[M]. 北京 / 西安 : 世界图书出版公司 , 1997.

[23] (美)林奇 (Lynch, K.). 城市的印象 [M]. 项秉仁 , 译 . 北京 : 中国建筑工业出版社 , 1990.

[24] 俞孔坚 . 论当代中国设计创新的大视野 [C]. 上海 : 上海人民美术出版社 , 2004.

[25] 马波著 . 现代旅游文化学 [M]. 青岛 : 青岛出版社 , 1998.

[26] (加)杰布·布鲁格曼 . 城变: 城市如何改变世界 [M]. 北京 : 中国人民大学出版社 , 2011.

[27] 孔建华 , 杜蕊 . 北京工业厂区的创意再生与世界城市的兴起 (上)[J]. 艺术与投资 , 2010, (7): 26–28.

[28] 金元浦 . 北京 , 走向世界城市 [M]. 北京 : 北京科学技术出版社 , 2010.

[29] 张蒙 . 公众对 "视觉被暴力" 说不 [N]. 中华建筑报 , 2013–01–15(013).

[30] 单霁翔 . 走进文化景观遗产的世界 [M]. 天津 : 天津大学出版社 , 2010.

[31] 李明超 . 城市文化景观遗产保护的交流与探讨——首届城市学高层论坛城市文化景观遗产保护分论坛综述 [J]. 中国名城 , 2011(11): 12–15.

[32] 李和平 , 肖竞 . 我国文化景观的类型及其构成要素分析 [J]. 中国园林 , 2009, 25(02): 90–94.

[33] (美)约翰·O. 西蒙兹 . 景观设计学——场地规划与设计手册 [M]. 俞孔坚 , 朱强 , 王志芳 , 译 . 北京 : 中国建筑工业出版社 , 2000.

[34] (美)苏珊·戈瑞 (Susan Gray). 向大师学习:建筑师评建筑师 [M]. 谢建军 , 李媛 , 译 . 北京 : 知识产权出版社 ; 北京 : 中国水利水电出版社 , 2004.

[35] (美)培根 (Bacon, E.D.). 城市设计 [M]. 黄富厢 , 朱琪 , 译 . 北京 : 中国建筑工业出版社 , 1989.

[36] 陈志华 . 外国古建筑二十讲 [M]. 北京 : 生活·读书·新知三联书店 , 2004.

[37] (美)威尔伯·施拉姆 (Wilbur Schramm), (美)威廉·波特 (William E.P.) 传播学概论 [M]. 北京 : 中国人民大学出版社 , 2010: 6.

[38] (加)麦克卢汉 . 理解媒介——论人的延伸 [M]. 南京 : 译林出版社 , 2011.

[39] 蒋宇 . 视为一种媒介 : 桥梁的传播过程研究 [J]. 西南民族大学学报 (人文社会科学

版), 2011, 32(09): 177–180.

[40] 余青 , 胡晓苒 , 宋悦 . 美国国家风景道体系与计划 [J]. 中国园林 , 2007(11): 73–77.

[41] 梁江 , 孙晖 . 唐长安城市布局与坊里形态的新解 [J]. 城市规划 , 2003(01): 77–82.

[42] 马正林 . 中国城市历史地理 [M]. 济南 : 山东教育出版社 , 1998.

[43] 刘继 , 周波 , 陈岚 . 里坊制度下的中国古代城市形态解析——以唐长安为例 [J]. 四川建筑科学研究 , 2007(06): 171–174.

[44] 李允鉌 . 华夏意匠 : 中国古典建筑设计原理分析 [M]. 天津 : 天津大学出版社 , 2014: 49.

[45] 沈福煦 . 中国古代建筑文化史 [M]. 上海 : 上海古籍出版社 , 2001.

[46] 孙靓 . 交通·景观·人——比较上海世纪大道与巴黎香榭丽舍大街 [J]. 华中建筑 , 2006(12): 122–124.

[47] 蒋淑君 . 美国近现代景观园林风格的创造者——唐宁 [J]. 中国园林 , 2003(04): 5–10.

[48] 俞孔坚 , 吉庆萍 . 警惕 : "城市美化运动"来到中国 [J]. 城市开发 , 2001(12): 4–7.

[49] 江泽慧 . 生态文明时代的主流文化——中国生态文化体系研究总论 [M]. 北京 : 人民出版社 , 2013.

[50] 角媛梅 . 哈尼梯田自然与文化景观生态研究 [M]. 北京 : 中国环境科学出版社 , 2009.

[51] 张锦秋 . 大唐芙蓉园 [M]. 北京 : 中国建筑工业出版社 , 2006.